JEAN GIRAUD MŒBIUS

LA FAUNE DE
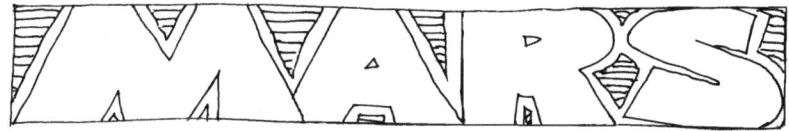

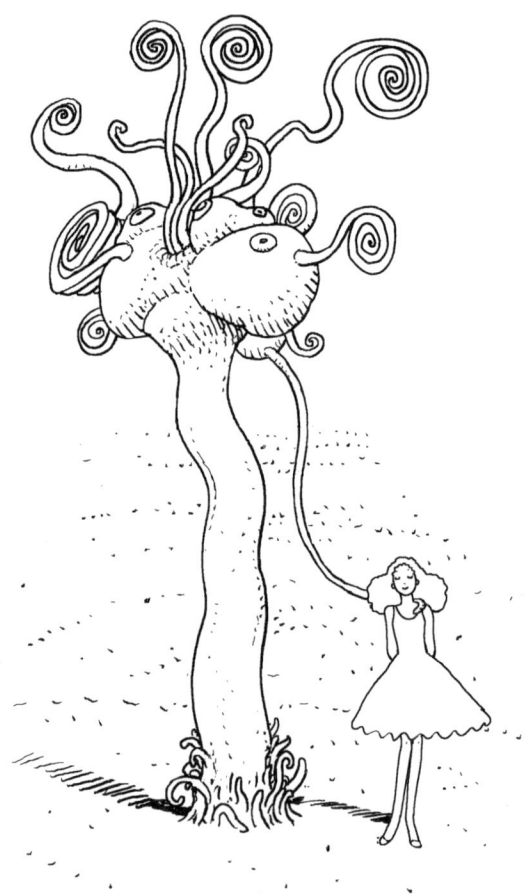

BIENVENUE
SUR LA PLANÈTE ROUGE

Année 3011 de la Galaxie.

Le **MAJOR GRUBERT** dévoile le résultat des expériences que ses artistes-ingénieurs ont menées, par combinaison du génie génétique et des nanotechnologies, les fameux **ANIMAUX DE MARS**. Bon nombre des rêves des anciens biologistes s'y trouvent concrétisés : coexistence des symétries radiaire et bilatérale, animaux-colonies chez des vertébrés, multiplication des pattes des tétrapodes, animaux volants difficilement identifiables, leurres d'une grande complexité... Mais voici une faune artificielle qui vient peut-être polluer la planète Mars de manière irréversible, car certains organismes, comme le **PHOSPHORIKON**, peuvent s'autoféconder ! Alors, faut-il condamner le **MAJOR** ?

Il faut, avant toute décision, se laisser entraîner, avec **MŒBIUS**, dans un délicieux voyage imaginaire : se plonger dans la contemplation de ces animaux déjantés, ne pas s'arrêter sur les aberrations biologiques comme le **ZAGZIG** bicéphale ou la **MOTRUCHE** multicéphale, saisir le jeu de ces formes étranges et fascinantes – allez voir le **PLASME VOLANT**, le **DALHYA VERT**, la **MALOURDE CHANTANTE**, ou l'**AMIBYASTE À VAPEUR**... – formes que l'on peut imaginer chantant, bruissant ou dansant dans la légèreté de l'atmosphère martienne. Alors, chacun pourra en toute conscience peser les poids relatifs d'un art vivant et d'une responsabilité biologique.

– Hervé Le Guyader
Professeur en biologie évolutive

CHIMÈRES
ET MÉTAMORPHOSE

À l'occasion de l'exposition **MŒBIUS TRANSE FORME** présentée à la Fondation Cartier pour l'art contemporain du 12 octobre 2010 au 13 mars 2011 s'est tenu un dialogue entre l'auteur de bande-dessinée **MŒBIUS** et le biologiste **HERVÉ LE GUYADER**. Spécialiste de l'évolution, celui-ci s'intéresse notamment aux animaux et organismes «exotiques et bizarres». Admirateur de l'œuvre de **MŒBIUS**, il se prête au jeu que lui a proposé le dessinateur: «observer et commenter, de son point de vue scientifique – dont la rationalité est ici forcément mise à l'épreuve – la faune fantastique des **ANIMAUX DE MARS**».

Dialogue entre Mœbius et Hervé Le Guyader à la Soirée Nomade du 28 février 2011, à la Fondation Cartier pour l'art contemporain, Paris.

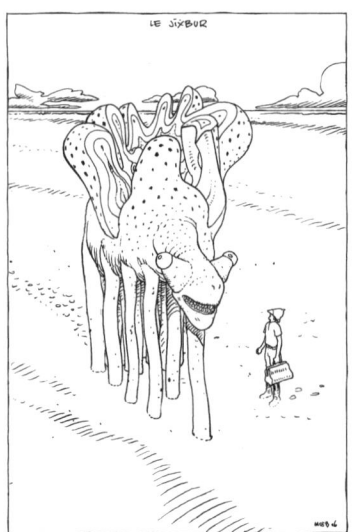 

MŒBIUS

Certains de ces animaux ont été vu directement, c'est mon témoignage. D'autres ont été photographiés. Certains ont été filmés de façon clandestine, de très loin, des documents très difficiles à interpréter. Et d'autres ont simplement été décrits par le Major Grubert, au cours d'une rencontre qui a été organisée à bord du Ciguri.

HERVÉ LE GUYADER

La planète mars on voulait la garder intacte, ne pas la polluer. Donc il y a une faune particulière...

MŒBIUS

Moi, j'étais sur cette opinion de préserver la virginité biologique de la planète Mars. Comme vous le savez tous, la planète a été dotée d'une atmosphère. Ce n'est pas entièrement terminé, on attend 3024 pour vraiment inaugurer une terraformation parfaite, avec un taux d'oxygène et une atmosphère adéquate qui permettra la vie. Mais il est sûr que toute cette opération a été faite de manière clandestine et, bien sûr, contestée ! Je suis venue pour apporter un certain nombre d'arguments qui plaident dans la faveur du travail du Major.

HERVÉ LE GUYADER

Le Jixbur, au départ, fait parti des quadrupèdes. Mais il a quelques problèmes... Il a un nombre impair de pattes. C'est bizarre, parce qu'à priori, tout ce qui est système nerveux se perd. Alors comment marchent ses pattes ?

MŒBIUS

Non, ce n'est pas comme ça que ça se passe. Cet animal ne marche pas. Ses pattes se tordent par un affaissement de la pression, il envoie un gaz comprimé et il saute ! En fait, c'est comme une puce !

HERVÉ LE GUYADER
Mais le Major va se faire écraser là ?

MŒBIUS
Non parce que c'est un animal très délicat. Tous ces animaux ont été, disons, programmés génétiquement pour n'avoir absolument aucune férocité.

HERVÉ LE GUYADER
Ça on verra car je n'en suis pas sûr.
Quand même, quand on fait ce genre d'expérimentations, on se débrouille pour qu'il n'y ait pas de reproduction. Pour le Phoshorikon, la manip' est un peu loupée. Visiblement, sans qu'il le sâche, il y a eu une auto-fécondation.

MŒBIUS
Oui c'est vrai, mais... c'est basé sur les probabilités, sur une loterie. Comme toute fécondation d'ailleurs, nous sommes tous des gros lots quelque part. Ce qu'il s'est passé, c'est qu'il a truqué la roue de la fortune ce qui fait que malheureusement le Phoshorikon est stérile.

HERVÉ LE GUYADER
On se demande ce qu'il est entrain de faire là ?
Il fait atterrir les spores ?

MŒBIUS
Non, je l'ai peut-être mal interprété mais en fait...

HERVÉ LE GUYADER
C'est pareil pour le nombre de pattes aussi ?

MŒBIUS
En fait, ce qu'il se passe, c'est que l'animal n'est pas en train de fonctionner mais il est entrain de pousser. Dans les manipulations génétiques, tous les cas de figure ont été envisagé et quand il aura fini de pousser, la partie supérieure se détachera et il flottera. Quant aux pattes, se sont des rubans.

HERVÉ LE GUYADER
Oh je ne veux plus voir ça, allez, on passe à la suivante.

HERVÉ LE GUYADER
Bon alors là effectivement le Major est entrain de se balader sur son Ortodredon. On dirait une espèce de rocher. Est-il en train d'avancer ?

MŒBIUS
Oui, je l'ai vu. Alors c'est vraiment un dessin très précis.
Et vraiment, c'est un animal adorable. Tous ces animaux de Mars ont été programmés pour ne pas avoir de descendance.

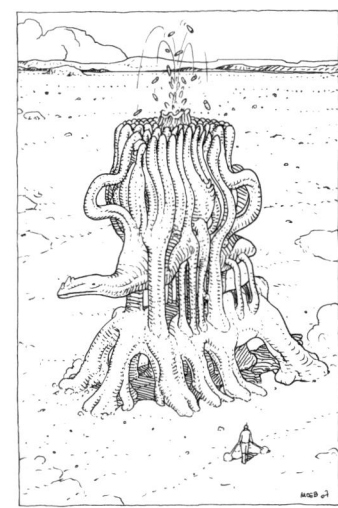

HERVÉ LE GUYADER
Oui, on l'a vu tout à l'heure.

MŒBIUS
Oui mais, ils ont été dans l'illusion de la fécondation, de l'auto-fécondation, puisqu'il y a des mâles, des femelles, etc. C'est une sorte de parodie de la vie. Je sais que ça à l'air cruel mais, ces animaux n'étaient pas destinés à avoir des durées de vies énormes..

HERVÉ LE GUYADER
Le Piti à glu, c'est un champignon un peu étrange... et ce sont des spores en haut c'est ça ?

MŒBIUS
Non, non, ce sont des créations d'écosystèmes locaux, parce que comme vous le savez, Mars tout en étant en processus de terraformation, n'arrive pas encore à créer de concentration d'eau encore très importante. Je pense que c'est un processus qui va être mis en place dans les trois ou quatre années qui viennent par le tractage de météorites de glaces. Oui, oui ! Non mais c'est un projet très sérieux qui a été mis en place par les Nations Unies, par les Planètes Unies pardon. Donc c'est une sorte de château d'eau.

Le Piti à glu

HERVÉ LE GUYADER
Tu sais, il y a des milliers d'années sur terre on voulait tracter des icebergs pour aller dans les déserts.

MŒBIUS
Oui, oui mais ça a été fait !

HERVÉ LE GUYADER
Oui, mais ils arrivent un peu fondus quand même.
Alors bon on continue !

MŒBIUS
Les deux suivants je ne les ai pas vu personnellement, ce sont des descriptions que le Major m'a faite.

HERVÉ LE GUYADER
Là, ça fait penser à des espèces de crustacés ou de scorpions. Là il y a de la chimère. Ça ressemble à quelque chose comme un scorpion et là, t'as des pattes de vertébrés.

MŒBIUS
Toujours en nombre impairs ; je crois que c'était une marotte.

HERVÉ LE GUYADER
C'est dommage que tu n'aies pas vu de films.

MŒBIUS
J'ai vu comment ça fonctionne. En général la marche se fait sur quatre

pattes et la cinquième patte sert pour tracer sur le sol des figures ésotériques, de façon à ce que l'œuvre d'art soit également inscrite.

HERVÉ LE GUYADER
C'est une œuvre d'art qui construit une œuvre d'art.
Le Peticok a toute une série d'yeux en symétrie radiaire.
Et comment fonctionnent ses pattes?

MŒBIUS
Non non non! Ce ne sont pas des yeux, ce sont des phares. Il y a des bactéries luminescentes à l'intérieur et le but, quand la nuit tombe, c'est de faire des jeux de lumières absolument extraordinaires notamment quand il y a des couches nuageuses et des tempêtes sur Mars. Par contre pour la disproportion entre les pattes et le corps, il faut bien tenir compte que Mars a une pesanteur un peu moindre même si elle a été un peu augmentée en cours de terraformation par un travail sur le magma. Mais il y a surtout des générateurs de gaz dans les parties internes pour faire des poches, des zones de suspension qui allège le poids. Sinon, ça ne serait pas possible.

HERVÉ LE GUYADER
Quant à l'autre là, tu me rappelles son nom s'il te plaît?

MŒBIUS
Non, mais enfin... Il vient à la suite d'une discussion que j'ai eue avec le Major.

HERVÉ LE GUYADER
Alors ce sont des phares ou des yeux là devant?

MŒBIUS
Non mais il s'agit vraiment d'une plaisanterie à la suite d'un repas à propos de la salière et de la poivrière... Je pense que l'équipe d'ingénieurs génétiques à été un peu léger dans la plaisanterie.

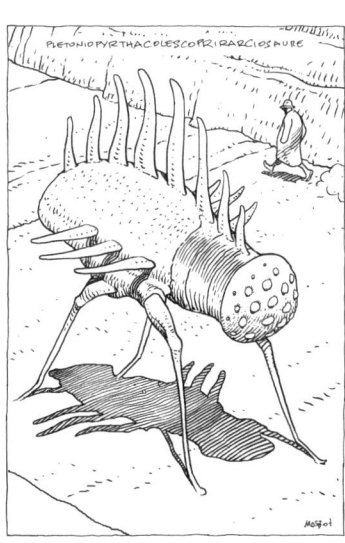

MŒBIUS
Celui-là est très typique d'un système qui génère des...

HERVÉ LE GUYADER
C'est un générateur à hélium ça !

MŒBIUS
Voilà, exactement !
En fait, il n'y a absolument aucune capacité directionnelle. Le calcul est entièrement concentré sur la hauteur à laquelle il est. Et tout le reste est au gré du vent, de la brise. Sur Mars, c'est ça qui est très intéressant ! C'est qu'il y a une science des vents, pas une science mais une complexité des vents complètement extraordinaire. Ce sont des corridors de vents qui se coupent, qui se prolongent...

HERVÉ LE GUYADER
Il ne sait pas où il va alors ?

MŒBIUS
Non, il suit des routes.

HERVÉ LE GUYADER
C'est pour ça qu'il est un peu crispé peut-être ?

MŒBIUS
Le Major le traitait de bretzel liquide et il n'aimait pas du tout cela. Il plait beaucoup aux enfants parce que c'est un animal extrêmement doux.

HERVÉ LE GUYADER
Alors continuons ? Ah la la la la !

MŒBIUS
Ah oui, je sais...

HERVÉ LE GUYADER
Un bouquet d'autruches !
T'as vu ça, il n'y a même pas le même nombre de pattes que de têtes. Alors naturellement n fois zéro c'est zéro vu le QI de l'autruche. Elles n'ont même pas idée de regarder dans tous les sens. Non, elles regardent toutes dans le même sens.

MŒBIUS
C'est une programmation à l'unanimité.

HERVÉ LE GUYADER
Quel est le cerveau qui commande les pattes ?

MŒBIUS
Ah non, il n'y a pas de cerveau. Non non non non.

une motruche.

HERVÉ LE GUYADER
Parce que là, il y a quatre pattes. Alors je me disais... Elles restent sur place ou bien ?

MŒBIUS
C'était un peu cruel de la part de l'équipe, d'ailleurs je n'ai pas du tout aimé, j'étais là, je n'ai pas pris de photos. Ici c'est un dessin de mémoire, mais j'étais assez scandalisé par l'attitude de l'équipe qui...

HERVÉ LE GUYADER
Ah bah tu vois, t'es comme moi, scandalisé ! Elles restent sur place, ou bien ??

MŒBIUS
Je suis tout à fait d'accord sur l'entreprise dans son ensemble, mais il y a eu des moments où la vie sur Mars est un peu difficile quand même.

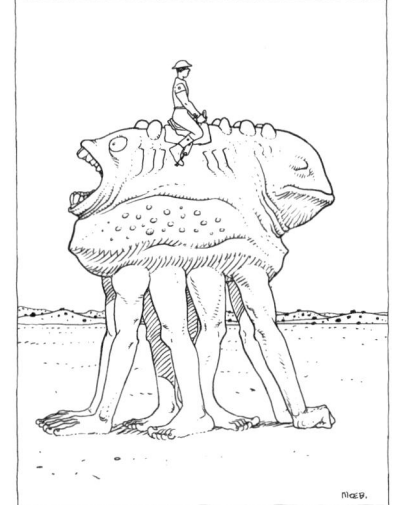

zagzig (OGM)

HERVÉ LE GUYADER
La couleur montre aussi quelque chose d'intéressant. Il y a un œil qui n'a pas la même couleur. Je pense que c'est une mutation somatique. L'embryon se développe comme sur les arbres sur terre. Les génomes de branches différentes sont différents, il y a des multiplications de génomes, il y a des mutations et tout. Si bien qu'en fait c'est vraiment des colonies et là tu vois ? Il mute. Et là, je me demande s'il n'a pas muté aussi.

MŒBIUS
Mais enfin ce n'est pas grave !

HERVÉ LE GUYADER
Non mais je me demande si ce n'est pas une expérience de mutagenèse somatique dirigée au niveau des motruches.

MŒBIUS
Merde alors !

HERVÉ LE GUYADER
Et qu'en dis-tu de ce Zagzig là ? A priori il va dans les deux sens mais la personne est assise dans le mauvais sens ?

MŒBIUS
Je reconnais que là, on peut dire qu'il y a eu un dérapage parce que ce sont des mauvaises blagues. Un peu comme la salière dans l'image précédente. Il y a eu un esprit un peu estudiantin. D'autre part, ce que je voudrais préciser aussi c'est que dans l'équipe, il y avait des biogénéticiens qui avaient été engagés pour des raisons financières. Ce sont des gens de Ganymède. Vous savez, les gens de Ganymède ne sont pas très bien vus et on sait bien pourquoi. Ils ne perdent rarement une occasion de se moquer de l'empire humain

qui s'est étendu à leur détriment. Là! Là! Je n'étais pas content. Parce que l'injection de gènes humains était interdite au départ. Et les mains, les pieds… Je sais qu'on ne pense pas avec ses pieds et ses mains, quoique, moi ça m'arrive, j'avoue.

HERVÉ LE GUYADER
Allez image suivante! […]

MŒBIUS
J'adore le Touk-Touk. Alors ça, c'est une performance extraordinaire!

HERVÉ LE GUYADER
Ce sont des leures?

MŒBIUS
Oui, ce sont des leures mais curieusement, ils sont vivants. Il y a, par exemple, la ficelle, qui permet l'alimentation des vaisseaux sanguins.

HERVÉ LE GUYADER
T'es sûr que c'est pas une espèce de biologie synthétique liée à la nanotechnologie qui fabrique des objets à l'intérieur? Par exemple, dans la petite boîte là, il y a peut-être une Rolex?

MŒBIUS
Non, tout ça est relié à une sexualité fictive extrêmement complexe.

HERVÉ LE GUYADER
Il est là «Approchez, approchez»… Tu dis qu'ils sont tous gentils, je me le demande! Et avec son leure, regarde un peu ce qu'il a mis comme leure.

MŒBIUS
Oui, c'est vrai…

HERVÉ LE GUYADER
On dirait que c'est une machine à brouiller.

MŒBIUS
Non, non, non! Tout le cerveau est là.

HERVÉ LE GUYADER
Tu en as fait la dissection?

MŒBIUS
Non! Mais, enfin… C'était dans la programmation. Moi, c'est ce qu'on m'a assuré.

HERVÉ LE GUYADER
Oui, oui, bon… Il fait des leures mais à mon avis il peut faire des leures un peu méchants.

MŒBIUS
Le Touk-Touk est merveilleux.

HERVÉ LE GUYADER
Oui le Touk-Touk est merveilleux bien sûr, j'étais sûr que tu allais dire ça. C'est une espèce de père Noël nouveau, du troisième millénaire. […] Et le Koupapat?

MŒBIUS
C'est la dernière création du Major et il l'a faite pour moi. Tous les personnages qui sont en haut font parti de l'animal. Il y a Blueberry, Arzach, Major Grubert, Stel et Atan enfin tout le monde. Il y a ma femme, mes enfants, et là les deux derniers sont mon grand-père et ma grand-mère.

HERVÉ LE GUYADER
Y compris pour le Major ?

MŒBIUS
Eh bien, il s'est représenté lui même par auto-dérision.

[...]

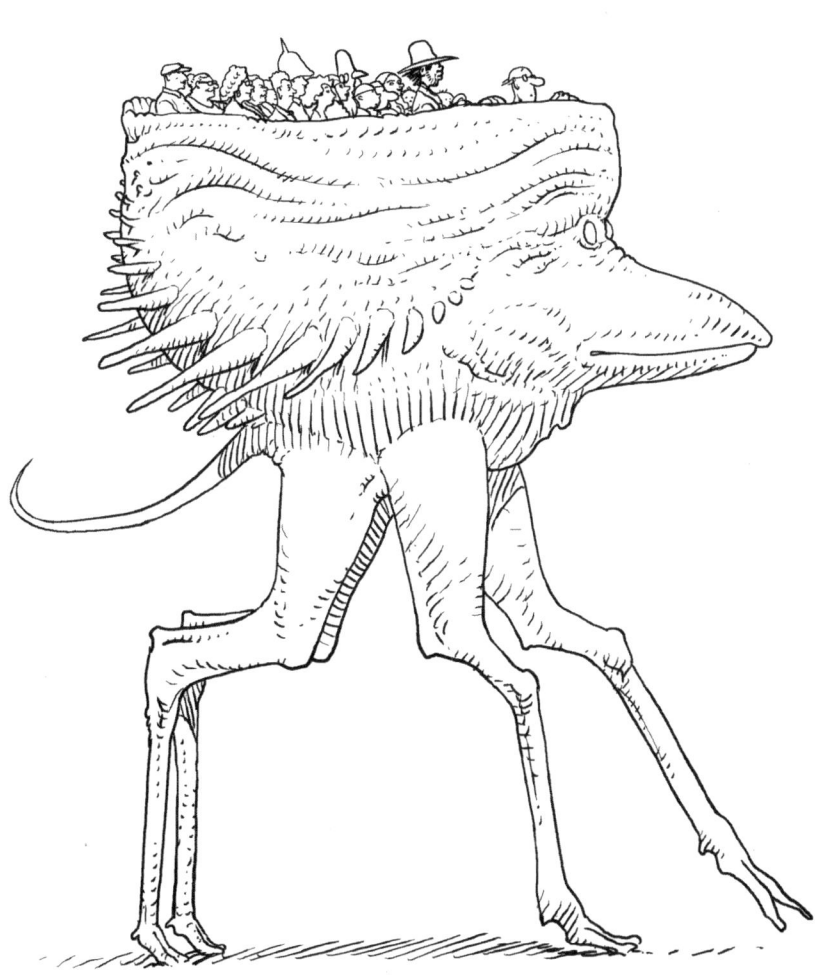

LES MERVEILLES DE
L'UNIVERS
PAR
LE MAJOR GRUBER

MARS

et sa
faune
fantastique

DESSINS RÉALISÉS PAR Mr. MOEBIUS
D'APRÈS DES DOCUMENTS
D'ÉPOQUE.

NOTE DU MAJOR

....

Le plasme volant est très typique d'un système qui génère de l'hélium. Il n'a absolument aucune capacité directionnelle. Le calcul est entièrement concentré sur la hauteur à laquelle il est, et tout le reste est au gré du vent, de la brise. Sur Mars, c'est ça qui est très intéressant ! C'est qu'il y a une science des vents, une complexité des vents complètement extraordinaire. Ce sont des corridors de vents qui se coupent, qui se prolongent... Je le traitais de bretzel liquide et il n'aimait pas du tout cela. Il plaît beaucoup aux enfants parce que c'est un animal extrêmement doux.

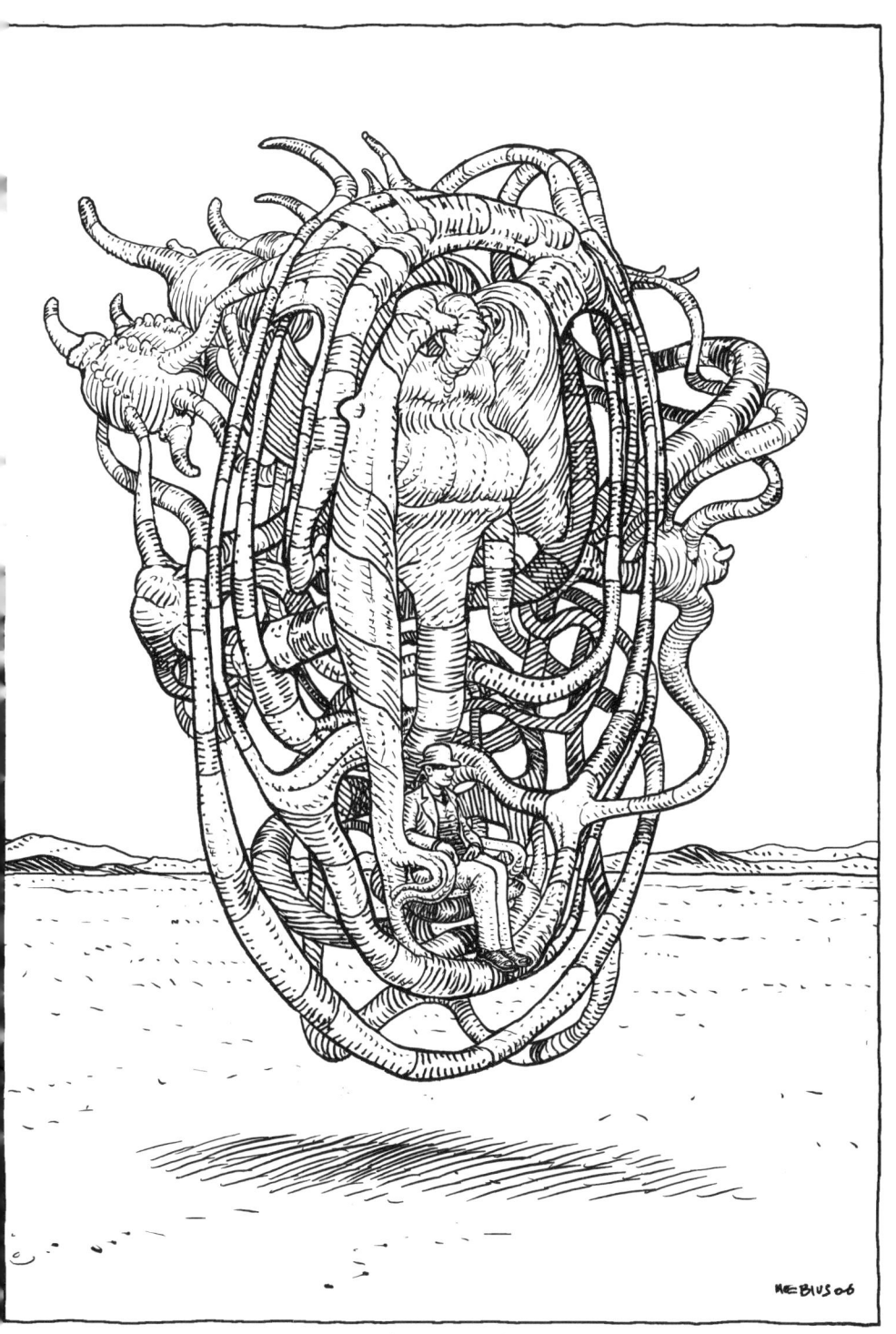

Plasme volant

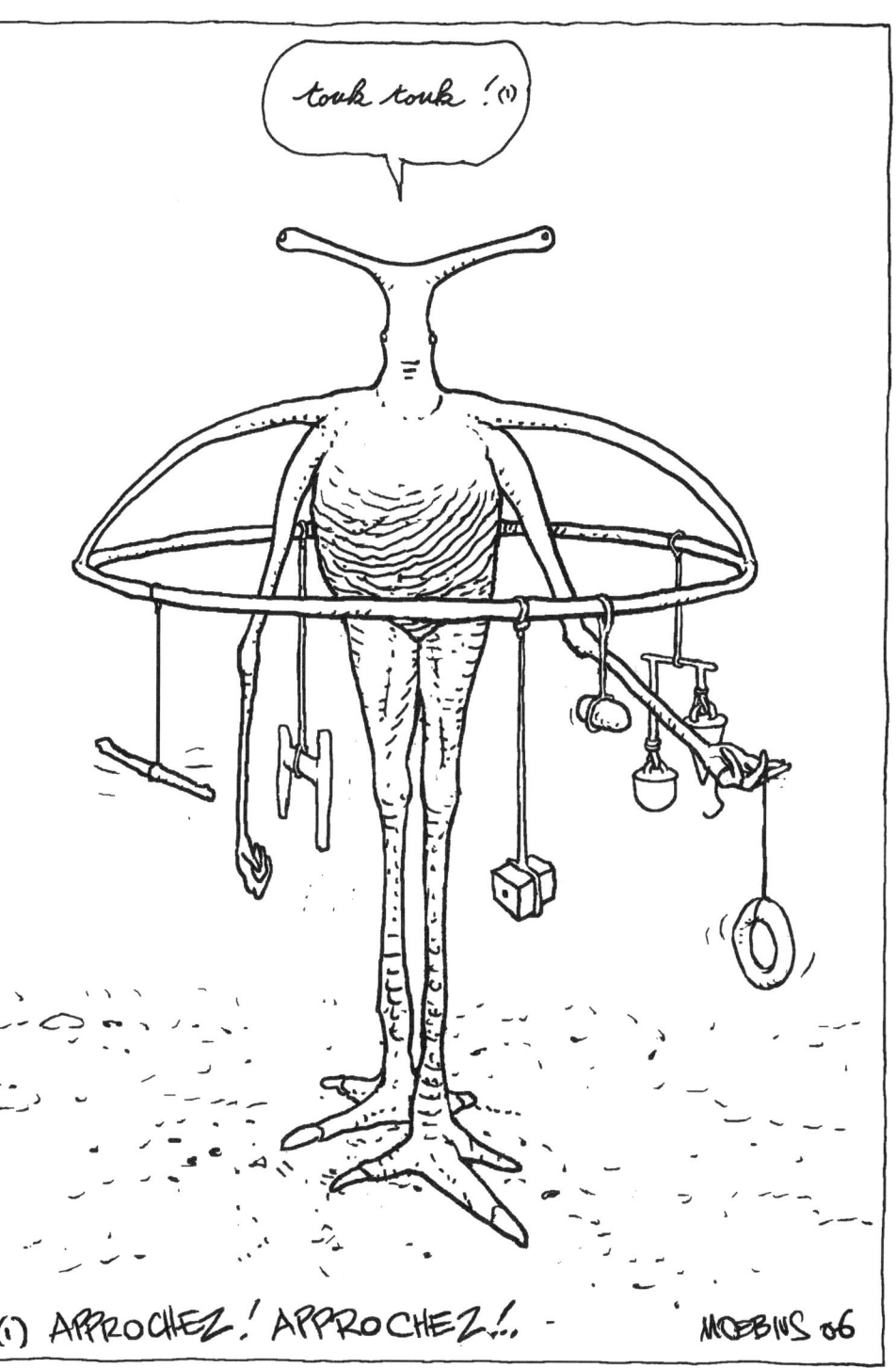
TOUK-TOUK (MALOISIE OCCIDENTALE)

NOTE DU MAJOR

Les spores en haut du Piti à glu sont des créations d'écosystèmes locaux, parce que comme vous le savez, Mars tout en étant en processus de terraformation, n'arrive pas encore à créer de concentration d'eau encore très importante. Je pense que c'est un processus qui va être mis en place dans les trois ou quatre années qui viennent par le tractage de météorites de glaces. Oui, oui! Non mais c'est un projet très sérieux qui a été mis en place par les Planètes Unies. Donc c'est une sorte de château d'eau.

Le Piti à glu

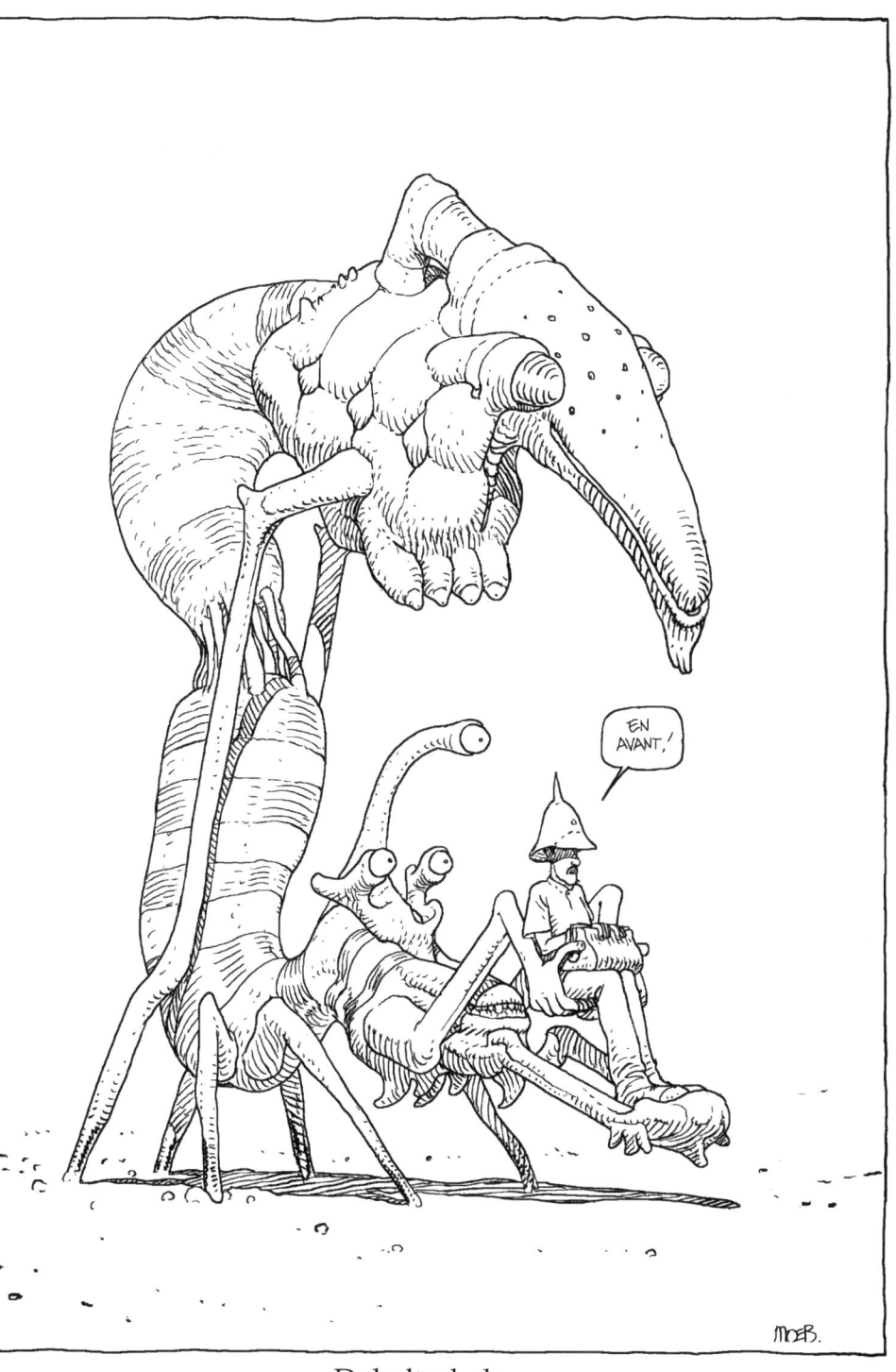

Doboltrobole

Petit traumadaire

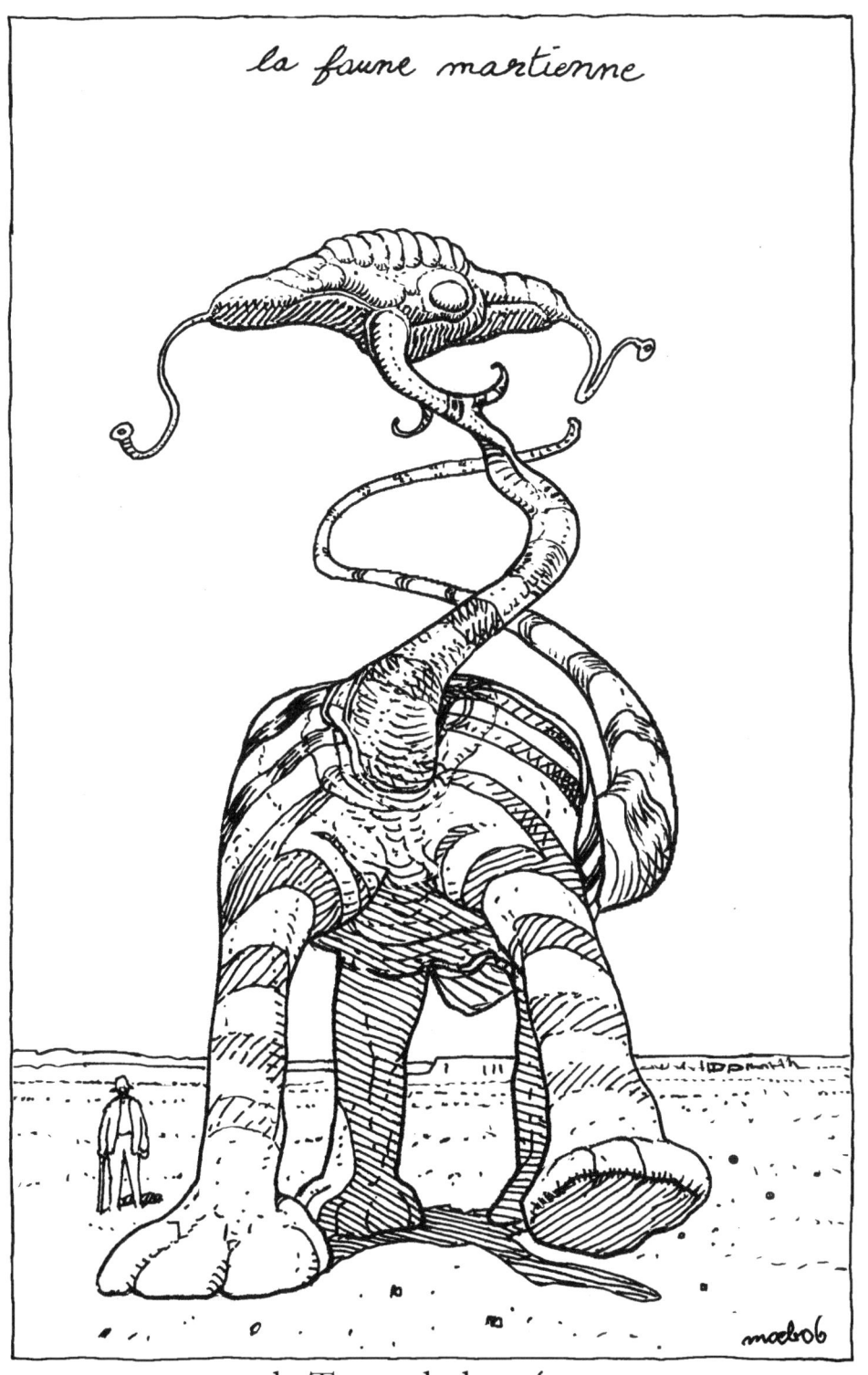

le Tromphal rayé

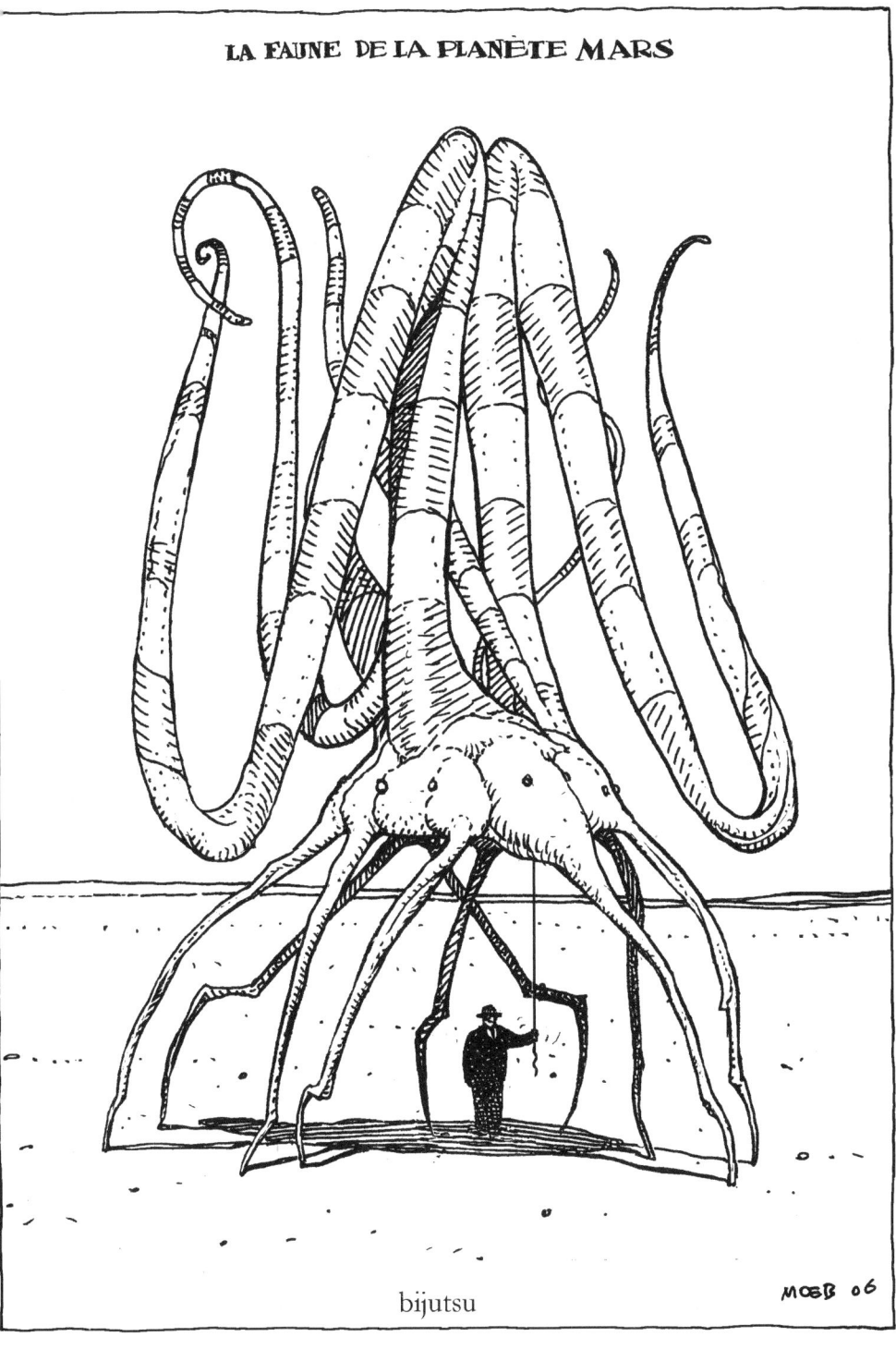

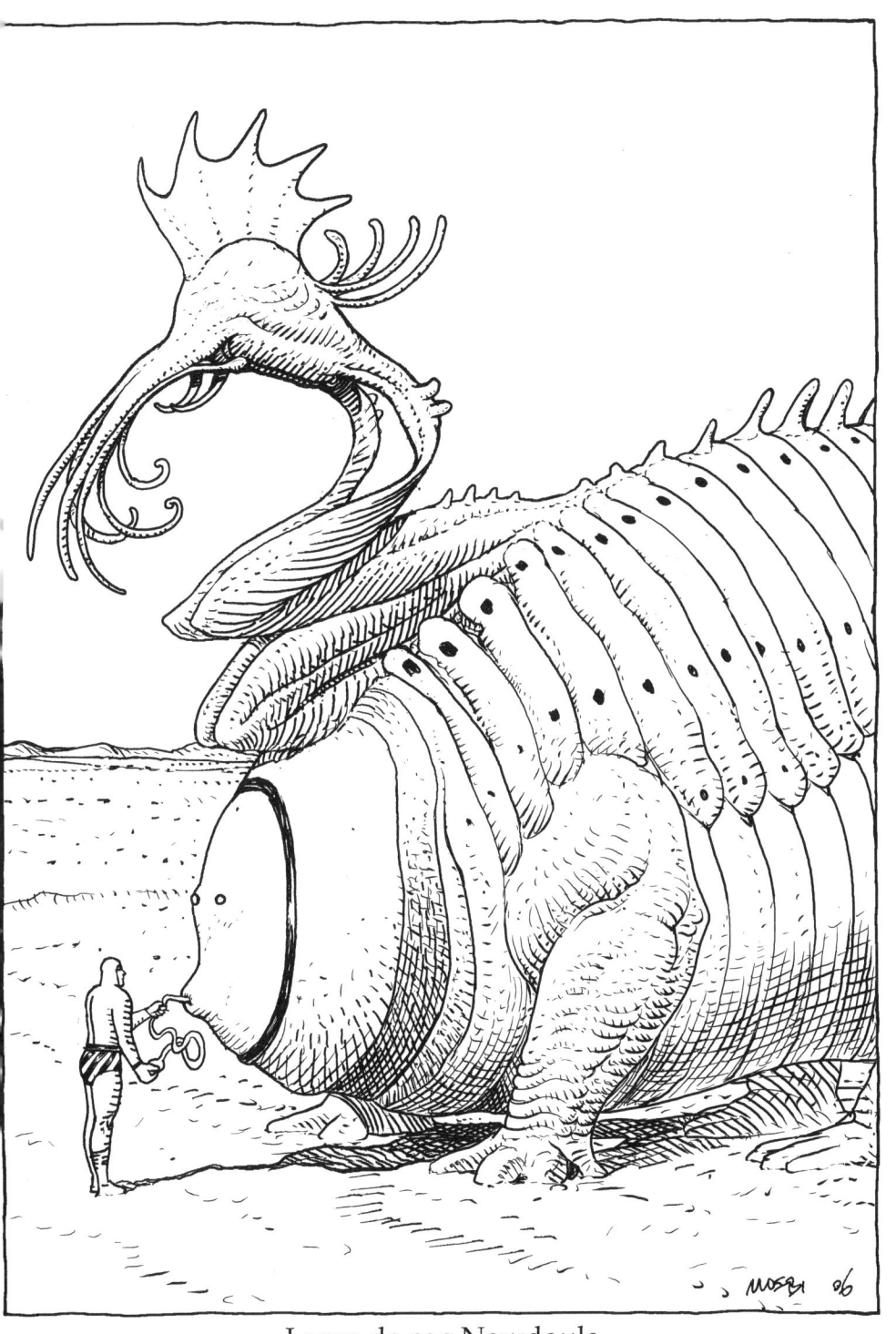
Larve de coq Nawdoule

LE PLOMBEURDIN

animaux étranges de la planète

MARS

MŒBIUS 06

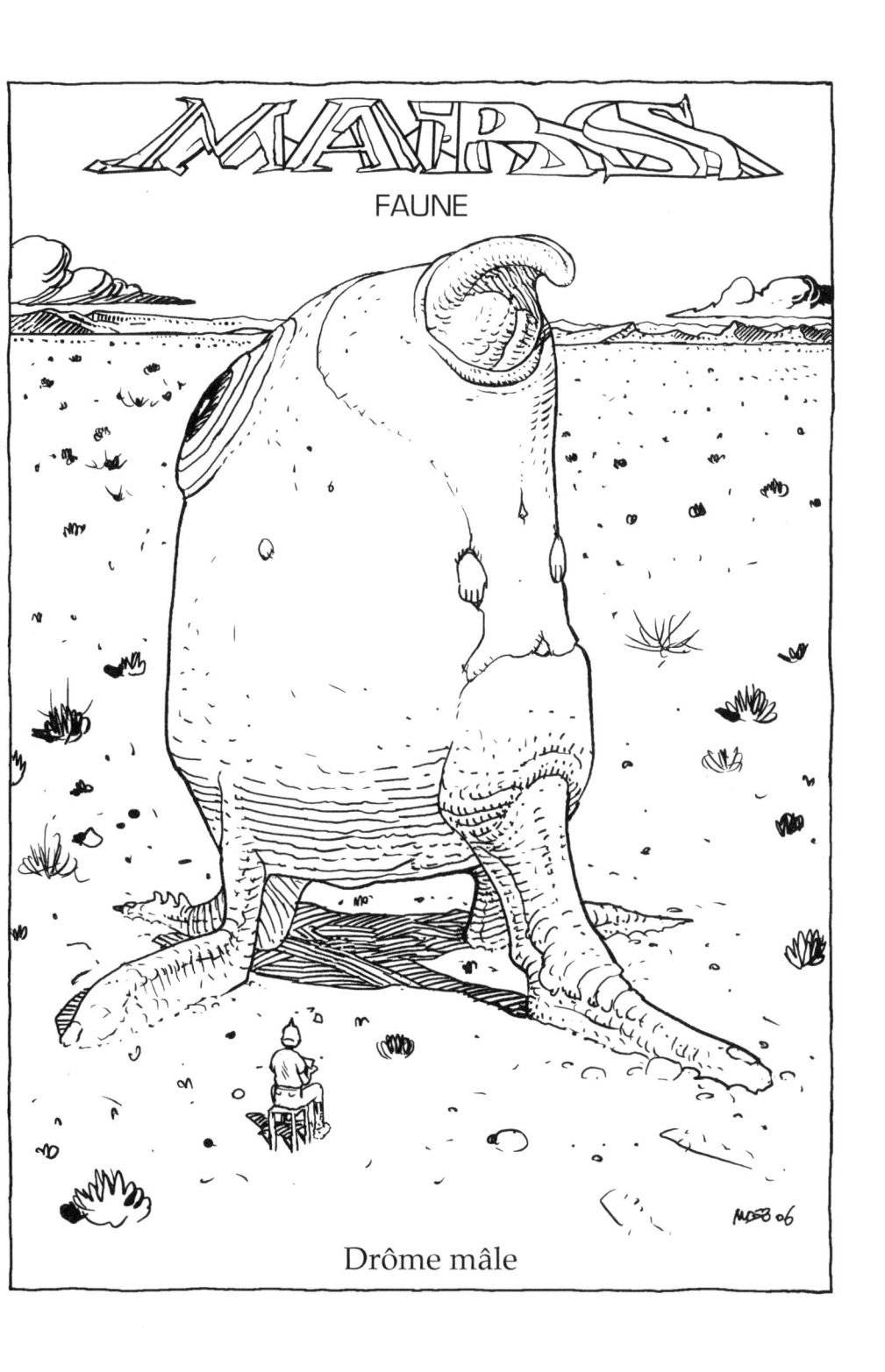

MARS

FAUNE

Drôme mâle

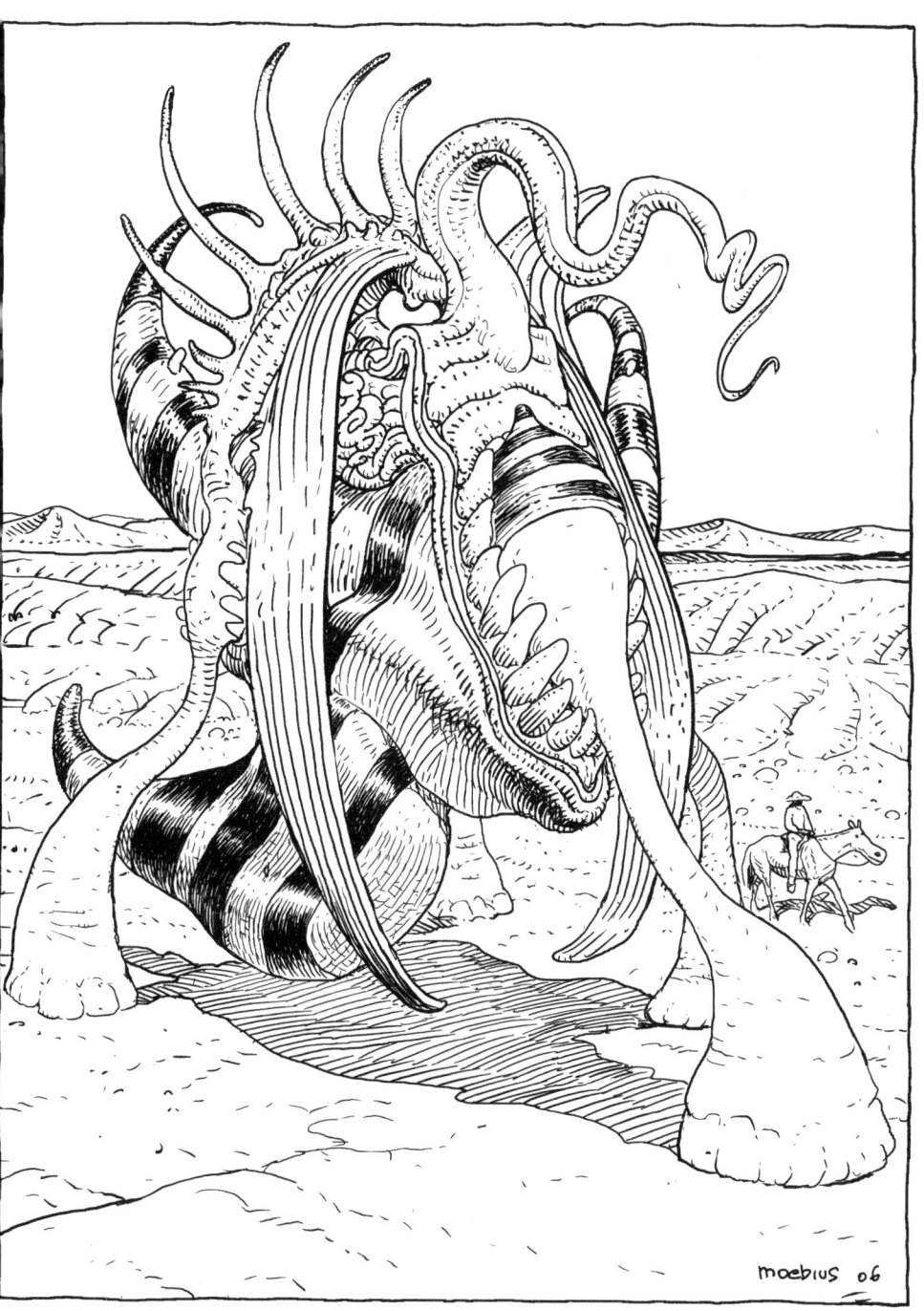

Groboo

Pûme

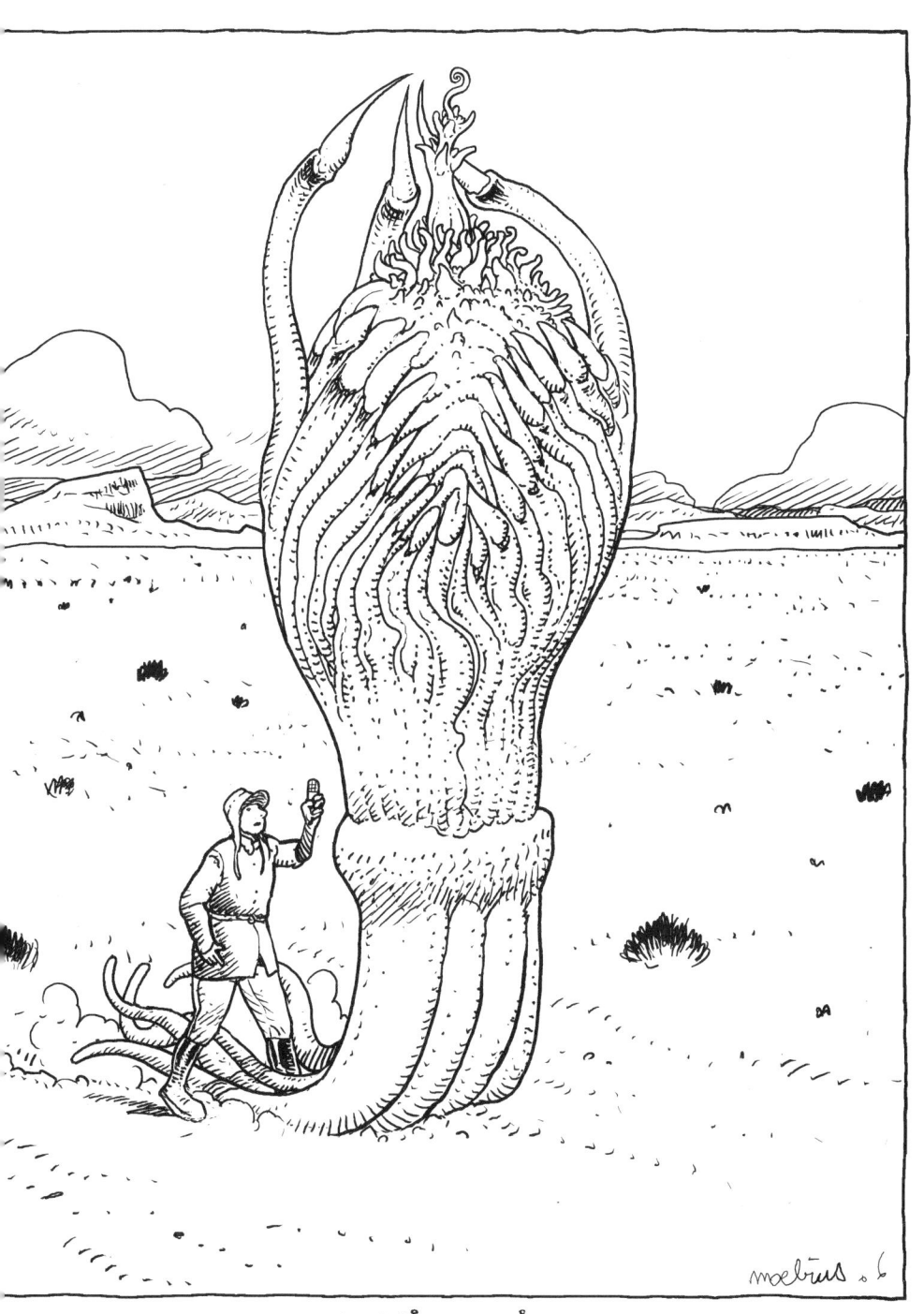

LE CHICCOLINO

LE TWIFEEL

Famille holmerkienne

Podricarne

" B" rex

MARS
Exozoologie martienne

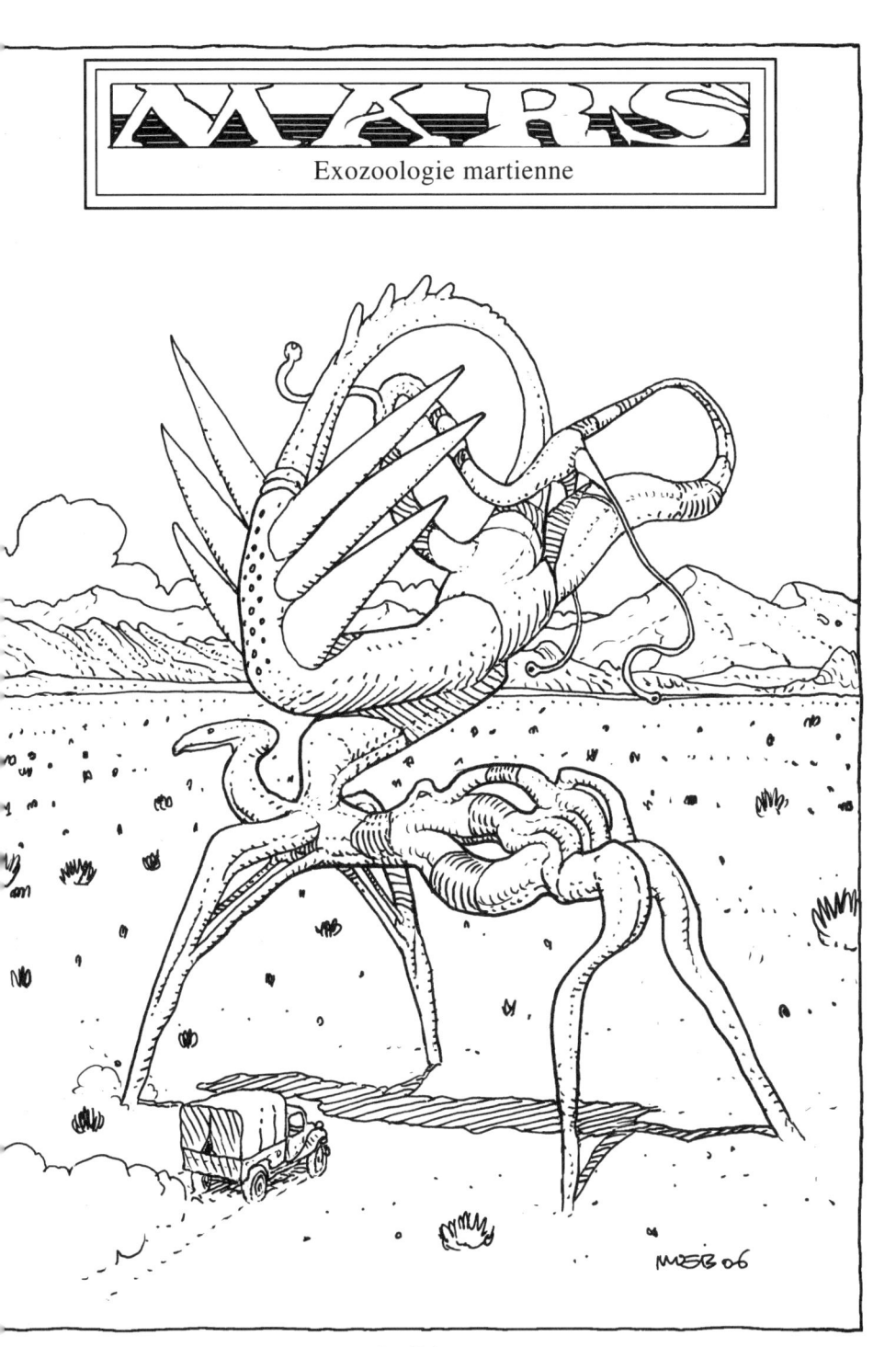

LE PNUME

FAUNE MARTIENNE.

L'AULIPHEN

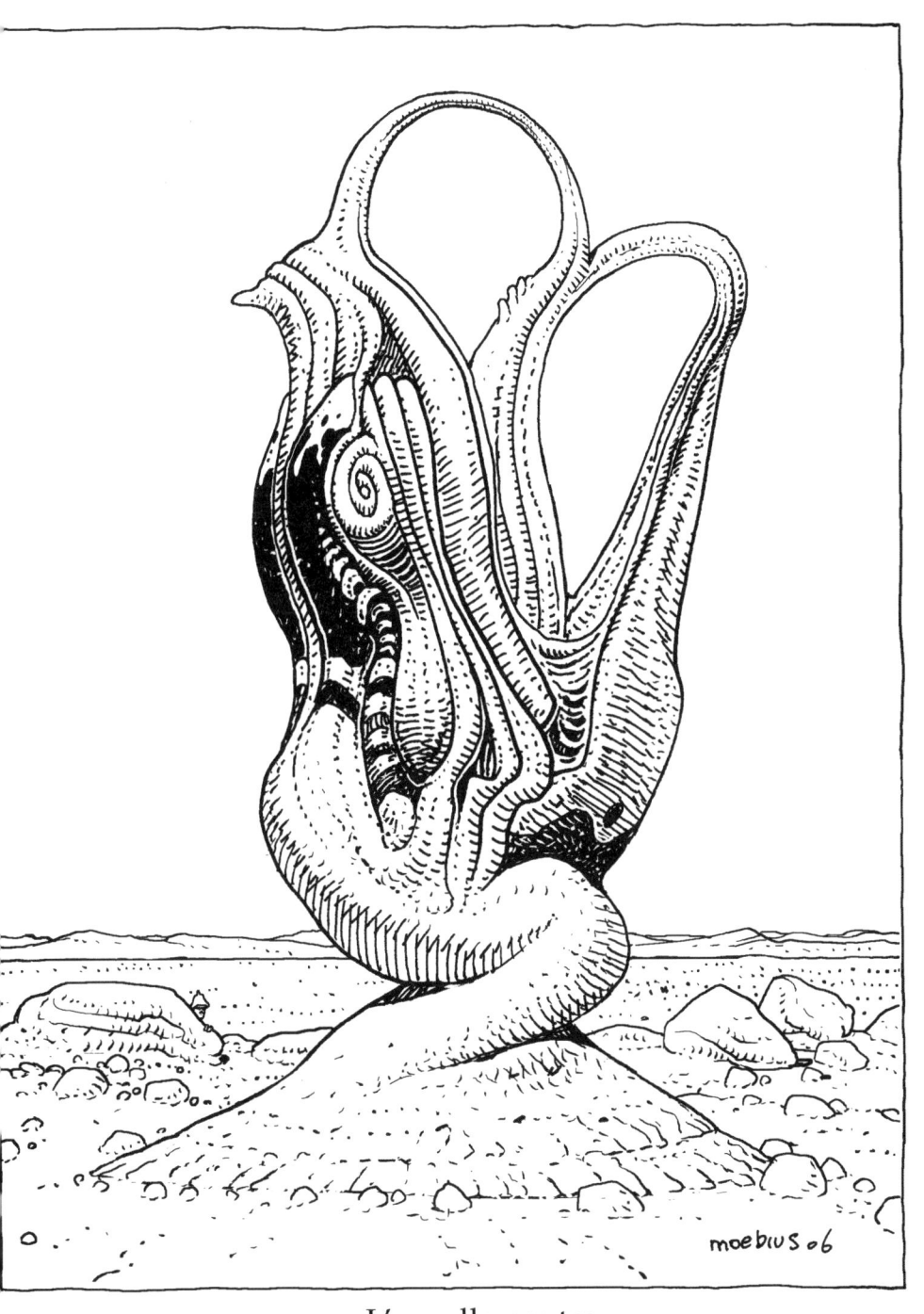

L'orpalle neutre

animaux de la planète
mars.

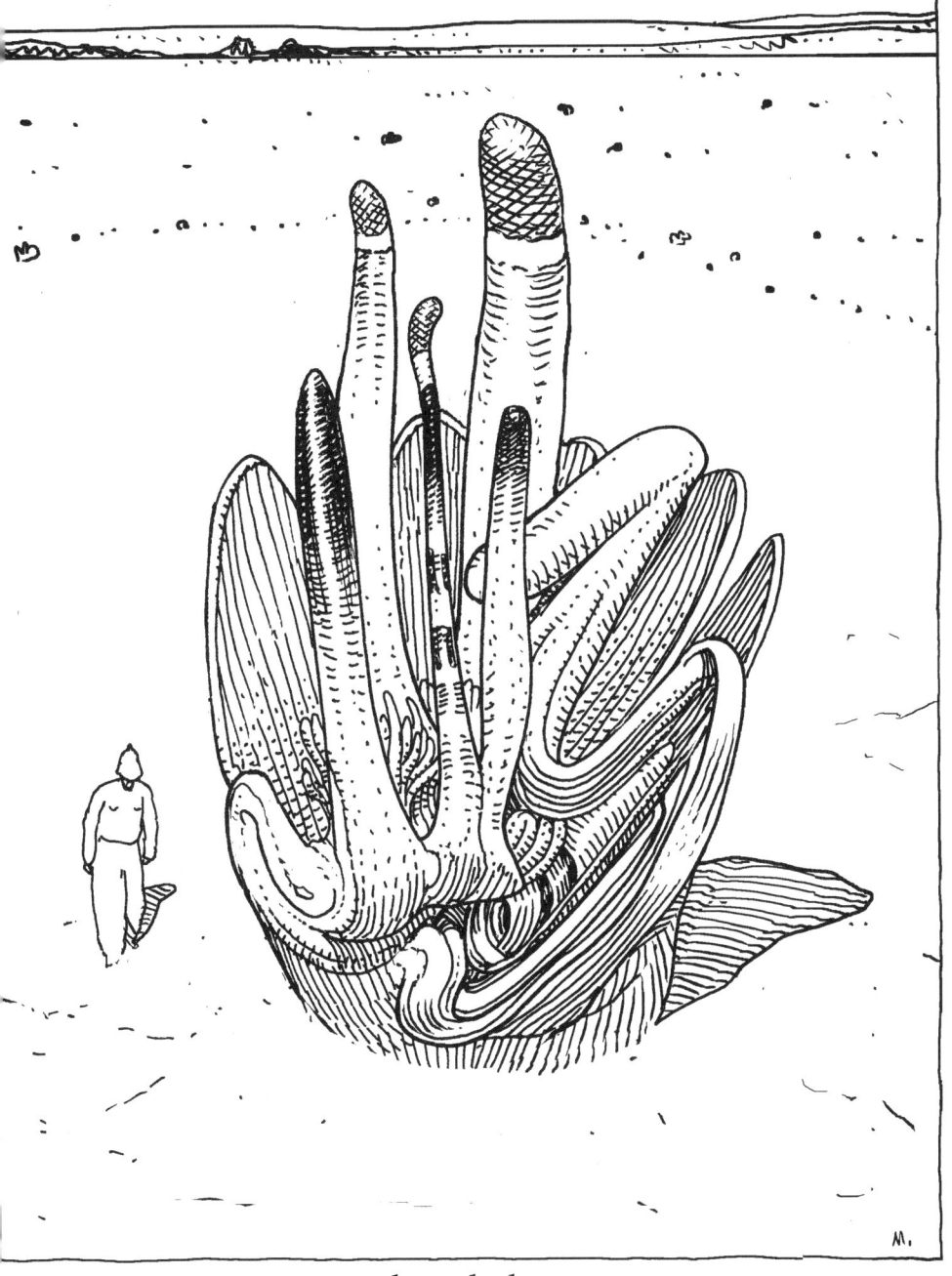

dopododopo

Murenas

L'ALOUETTE

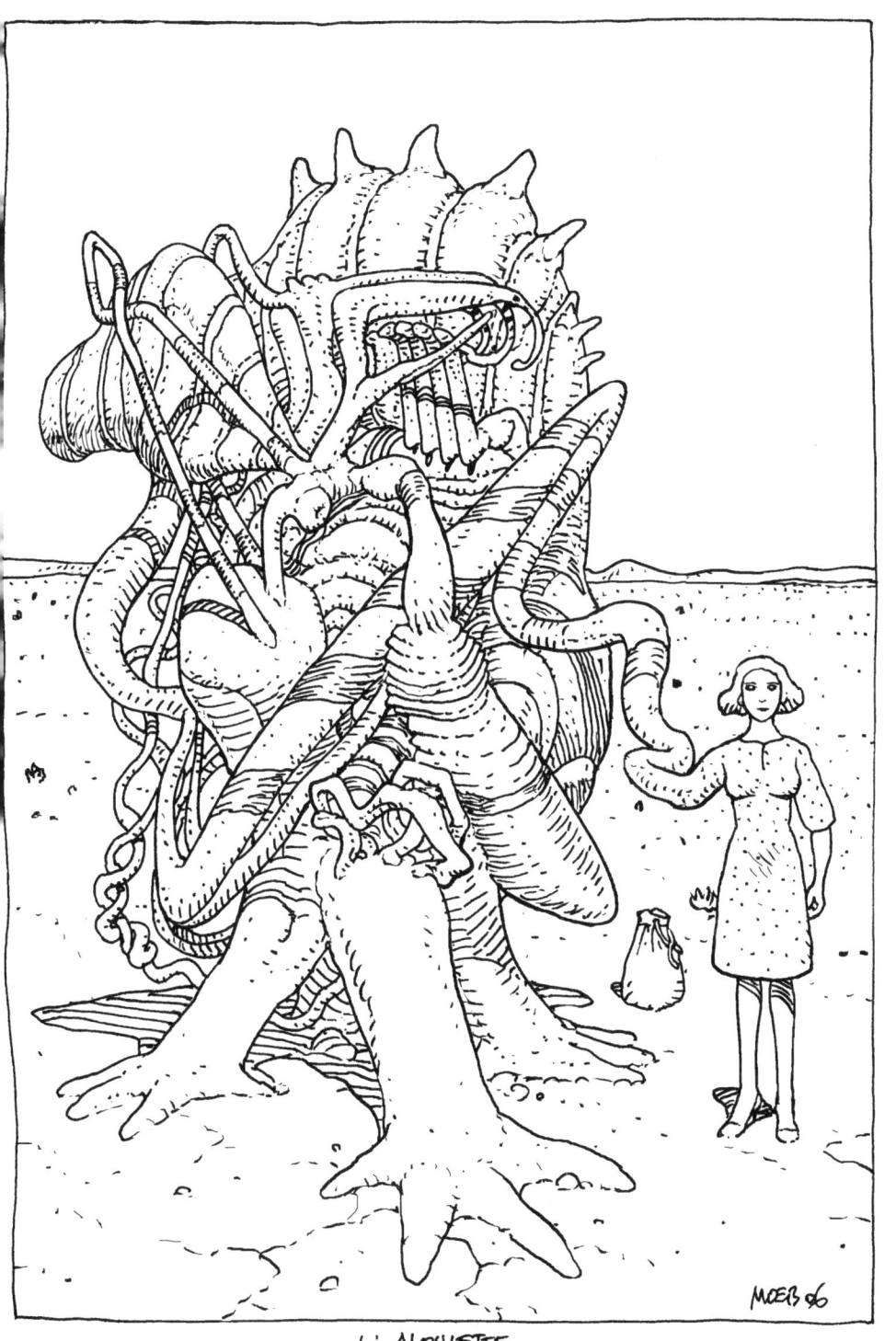

Un troplain et son petit

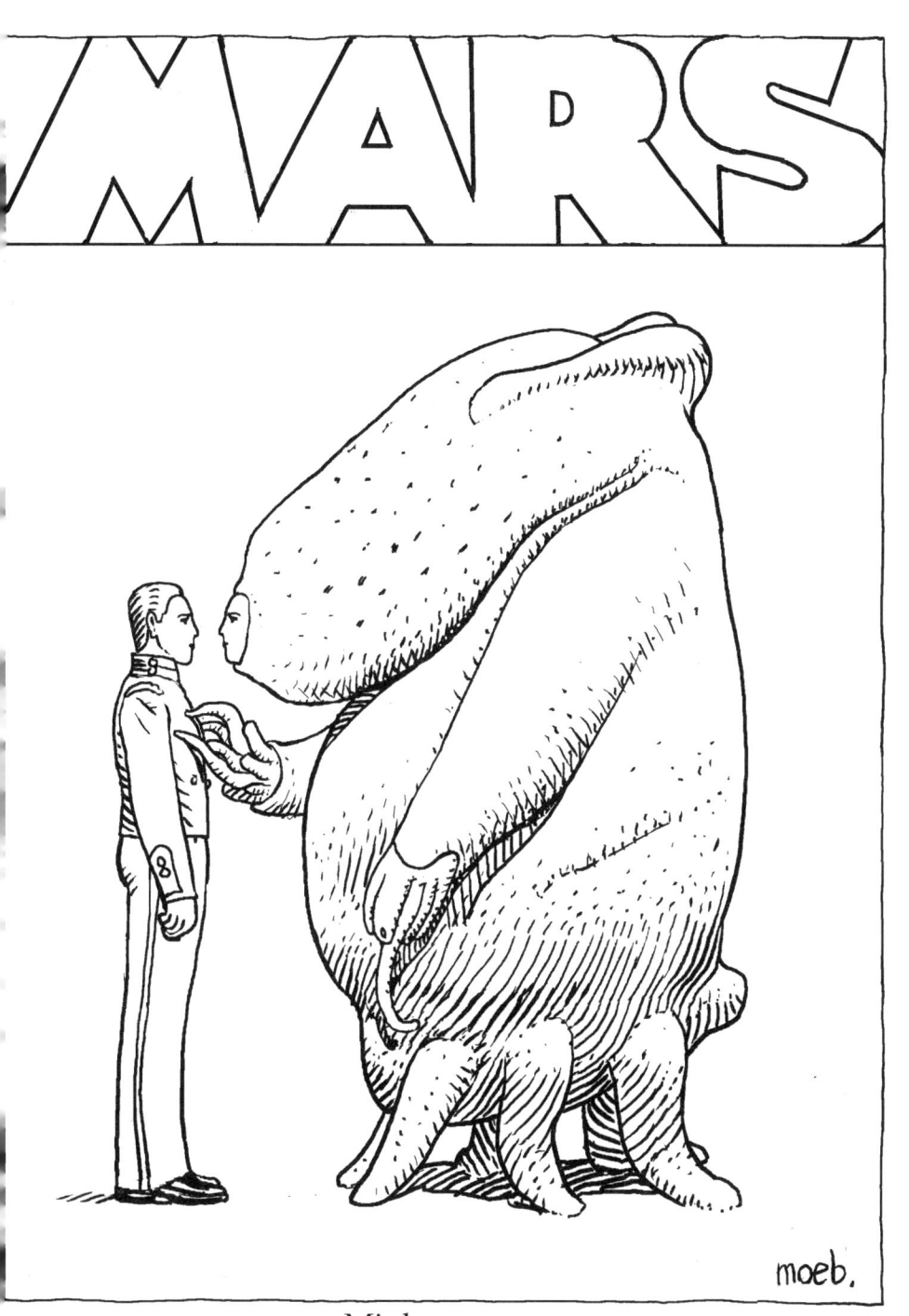

Miglo commun

Parasite No 27

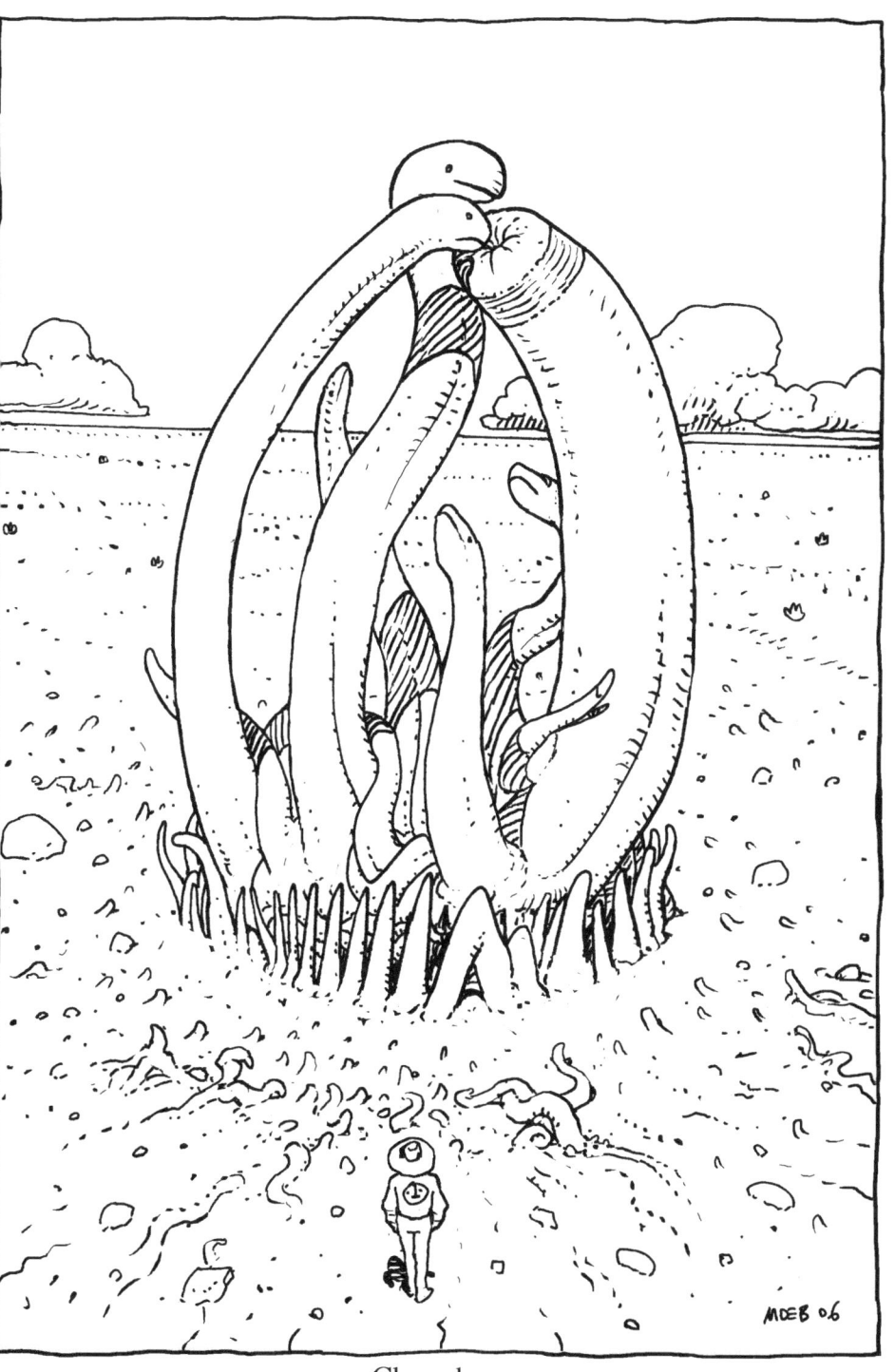

Chopalong

LE MULTIPLON. (saison des haines)

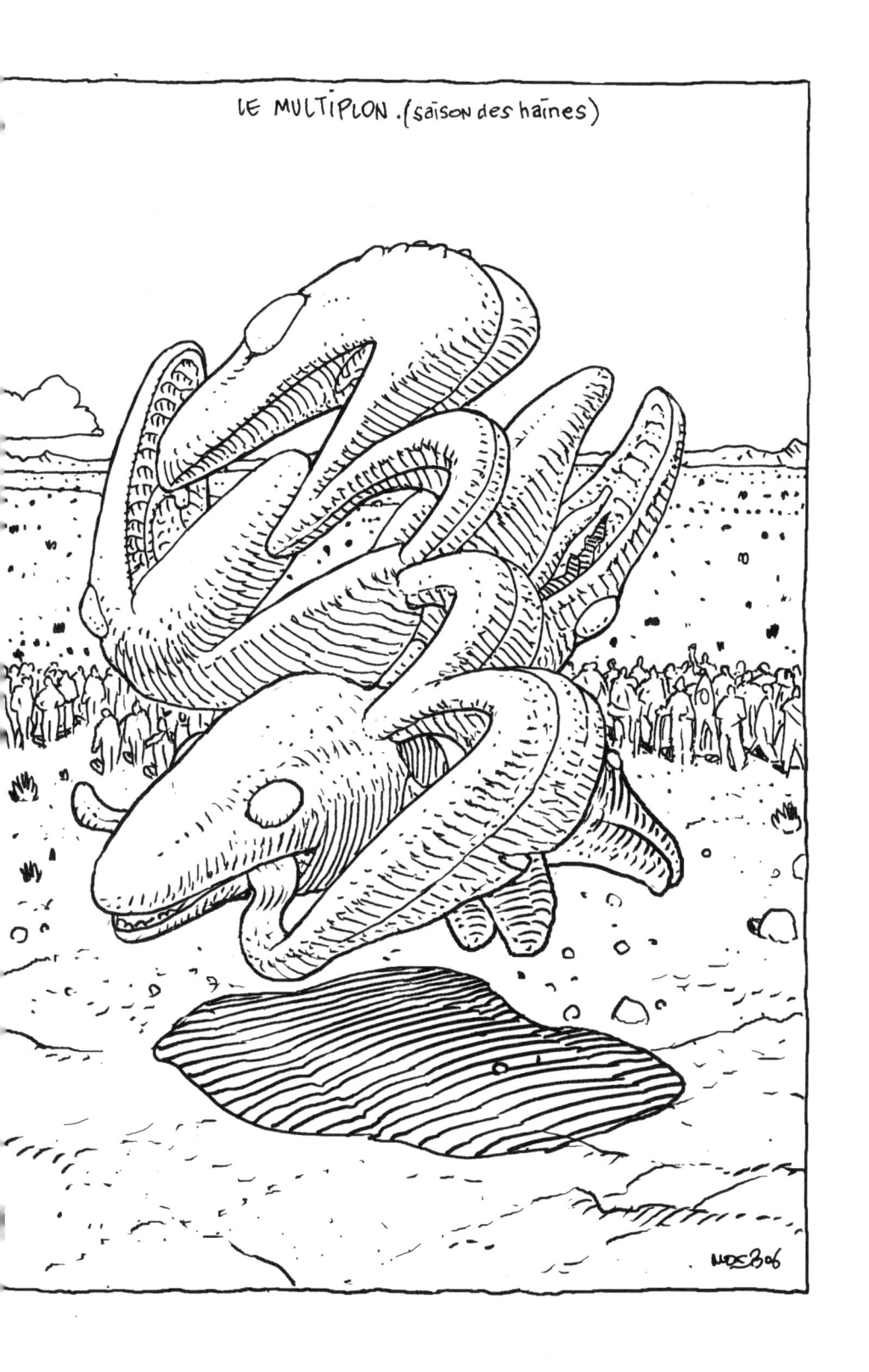

kuang to pho (animal martien)

ANIMAL MARTIEN

MILCOUSIN

LES MERVEILLES DE L'UNIVERS.
Faune Martienne

LE CHOUMEAU

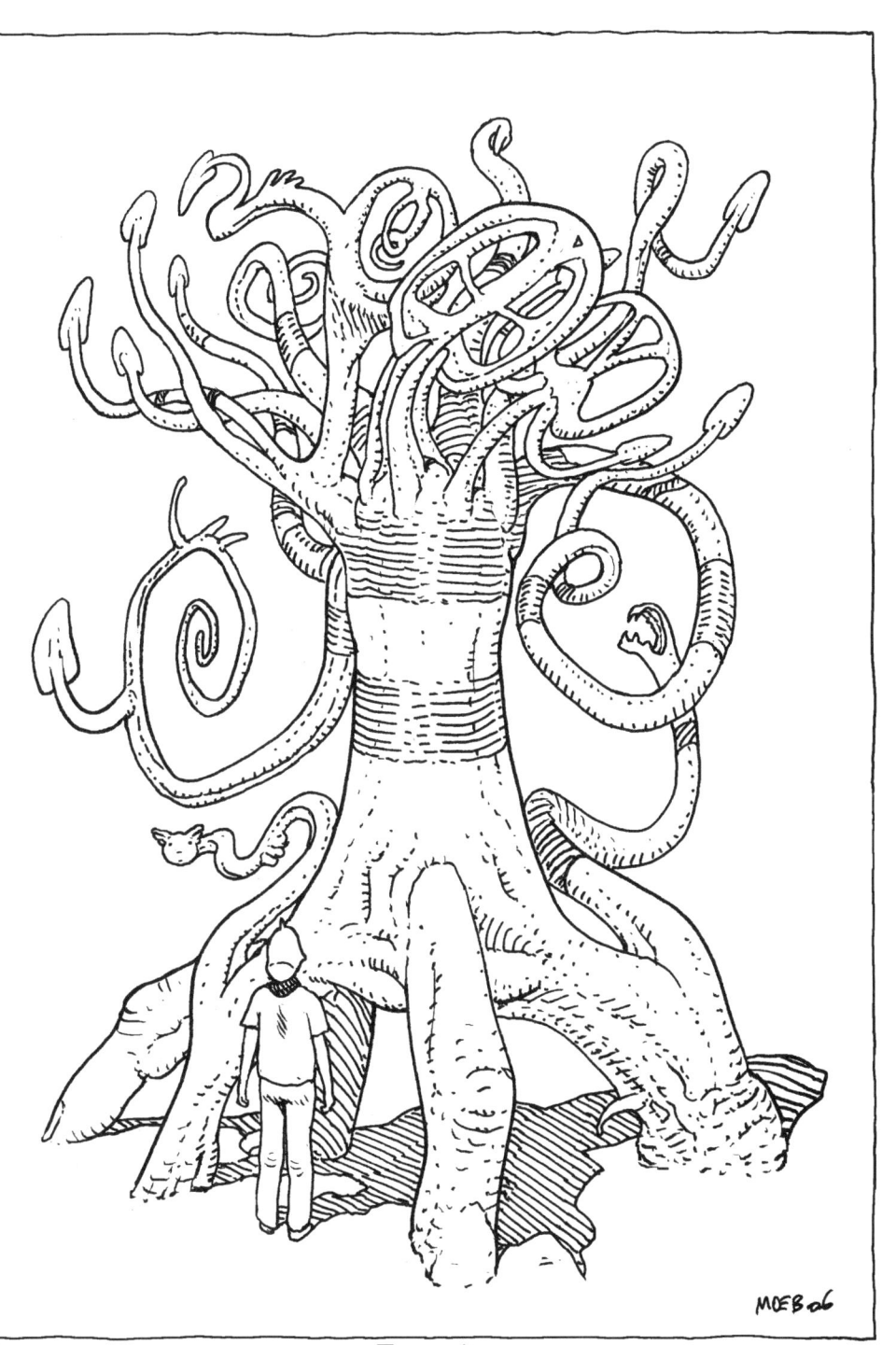

Znoopère

MARS
animals

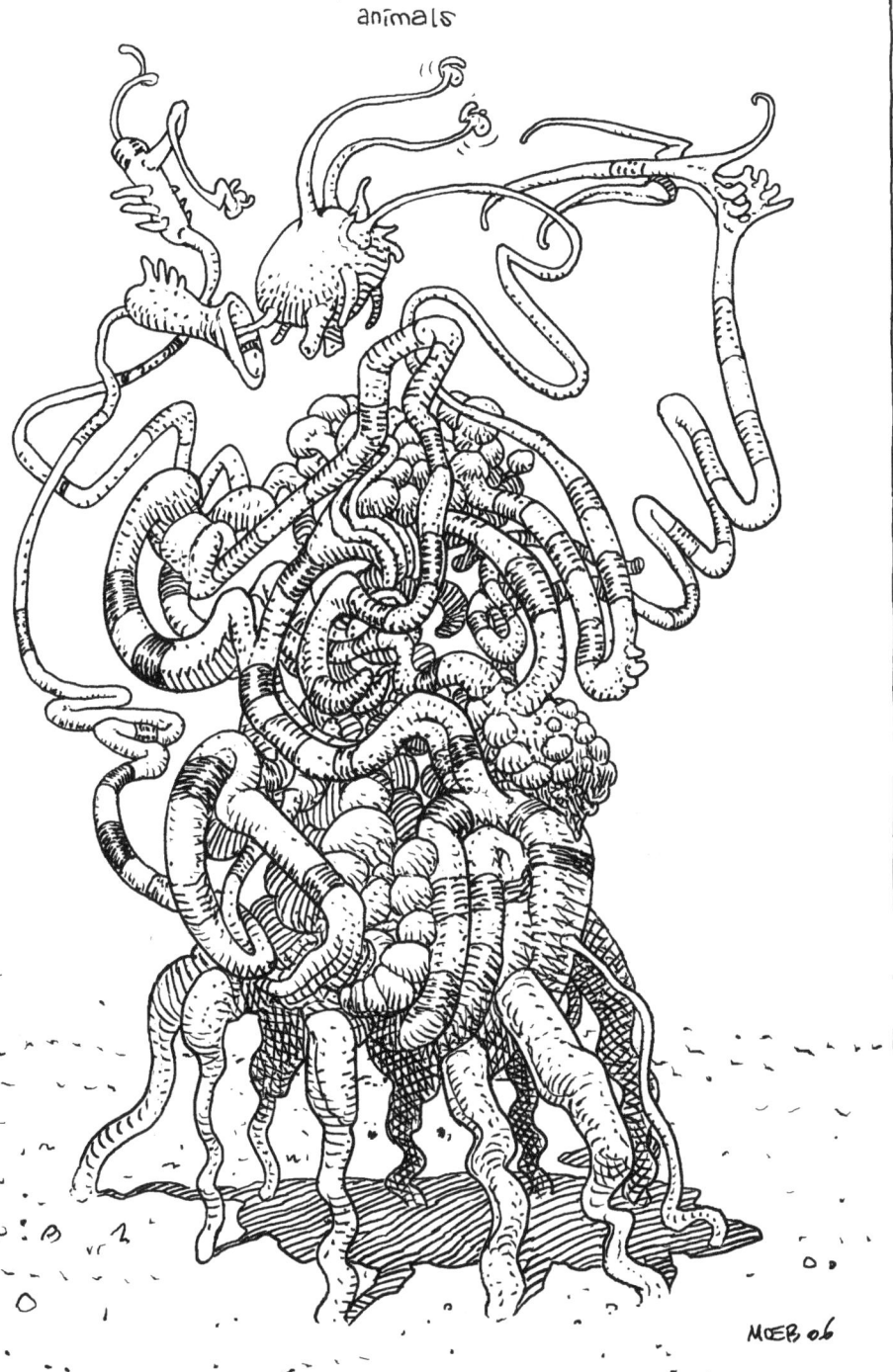

LE BWALOO

L'Odrédon (Un animal étrange.)

CONTRÔLE D'UN POMAAX

Le désertron

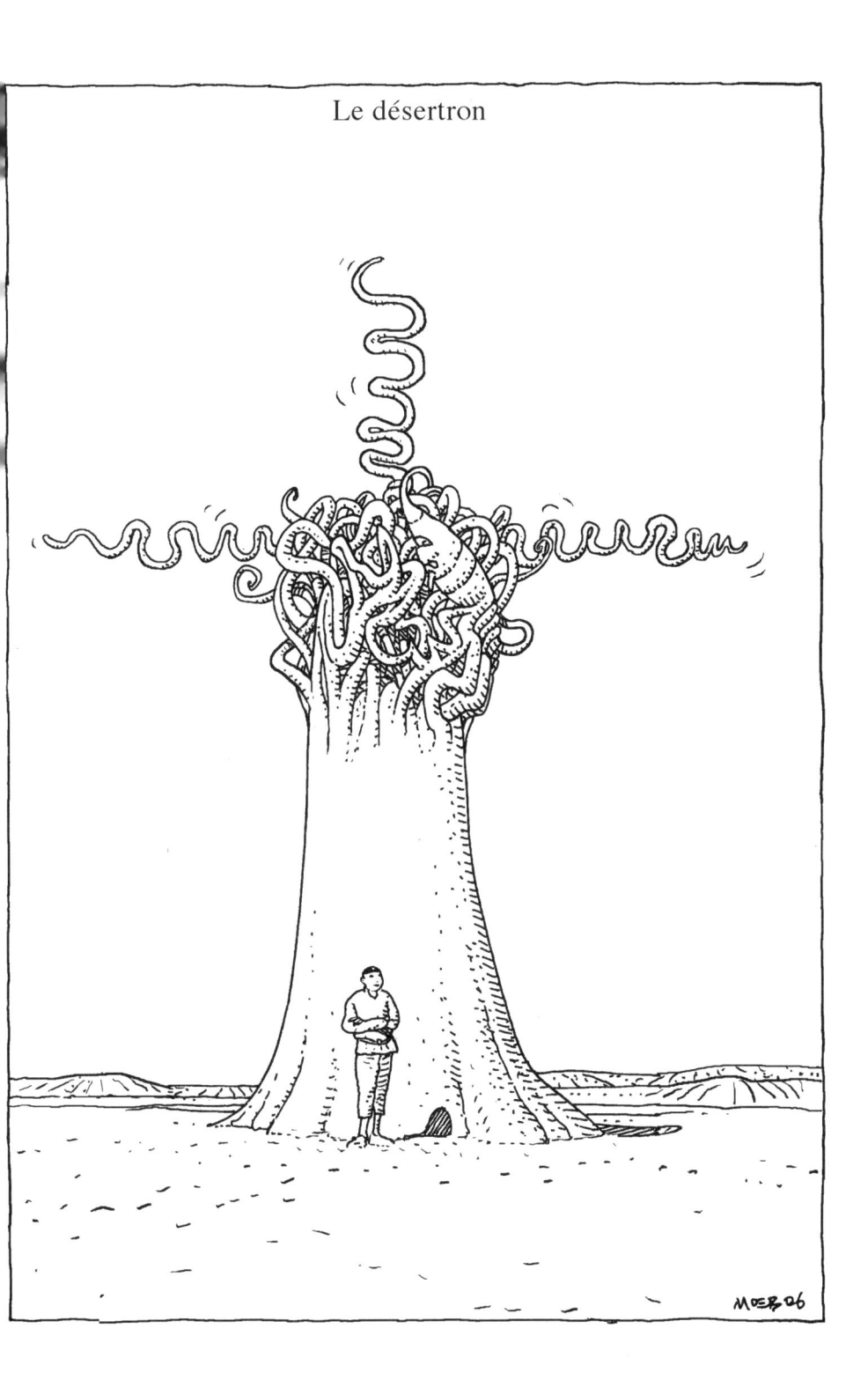

Mars (émisphère sud)

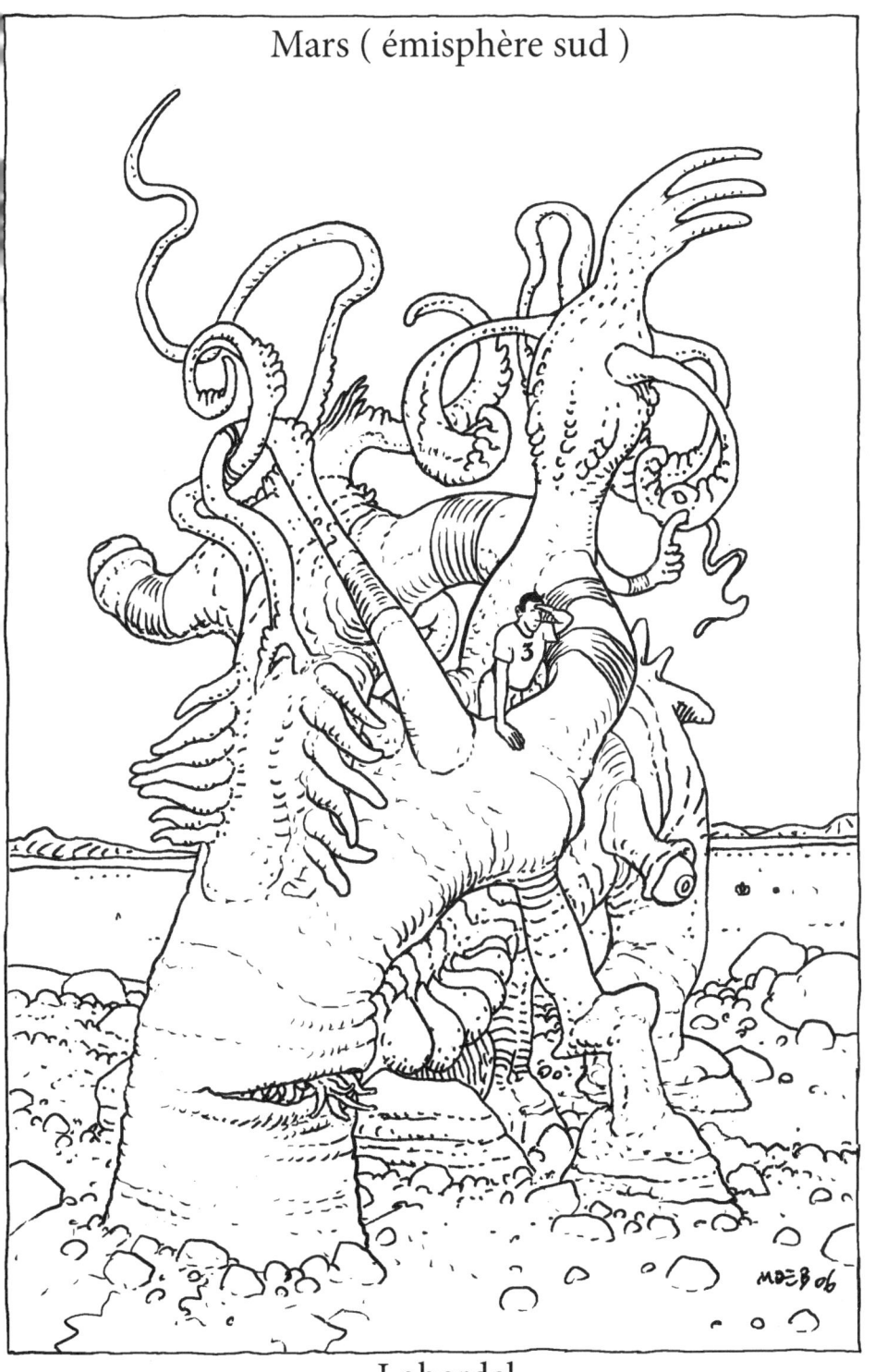

Loberdel

entretien du chave

PNOUME RAYNETT

NOTE DU MAJOR

....

Le Gros Zani mâle est persuadé que Mars est une planète plate et qu'arrivé au bout il va pouvoir sauter dans un paradis où les femelles l'accueilleront. Alors il court vers le bord.

Gros Zani màle

Bouzznar
animal martien

dusardin

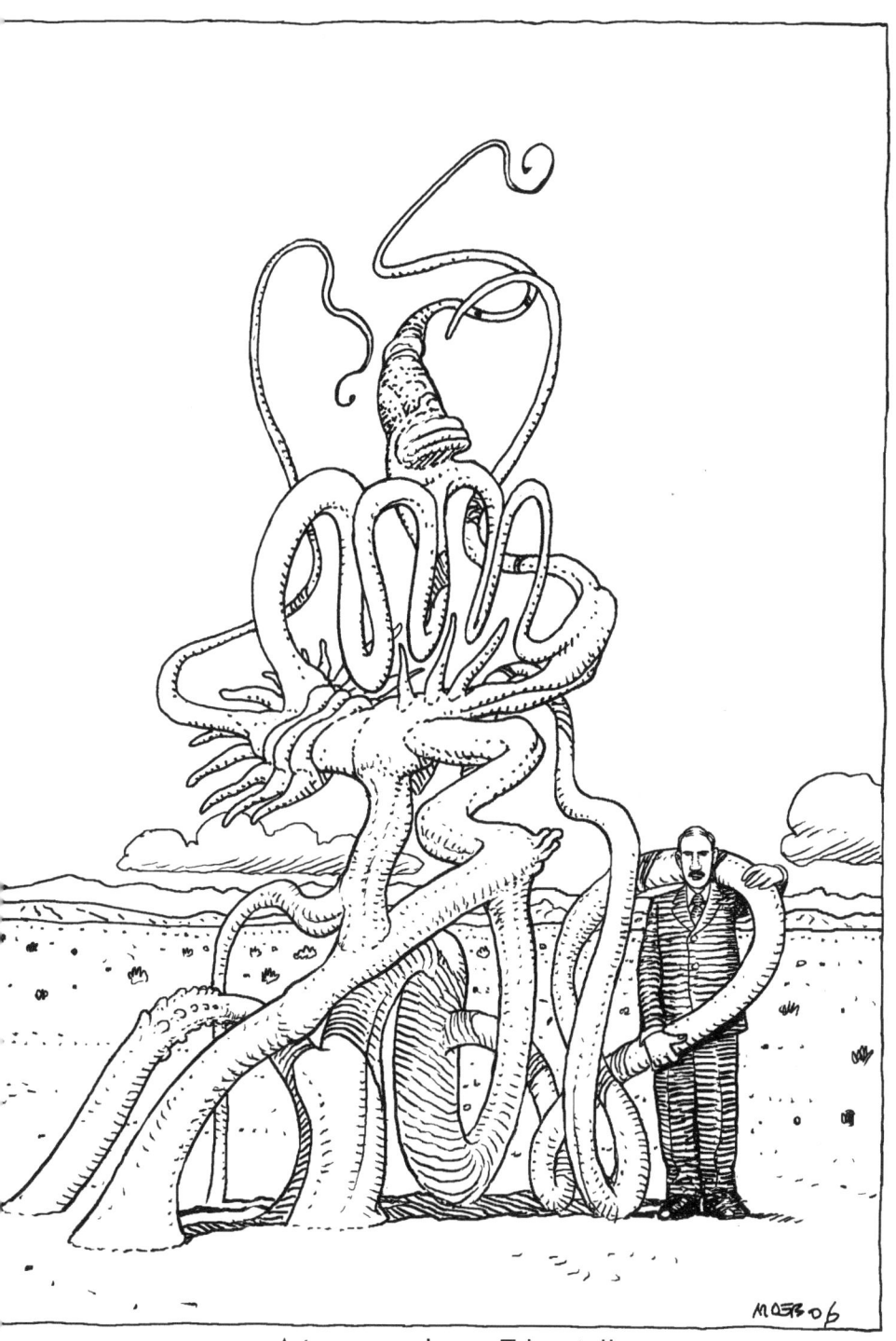

Artyamananda oyc Tabarstall

BESTIAIRE MARTIEN
(la saison des haines)

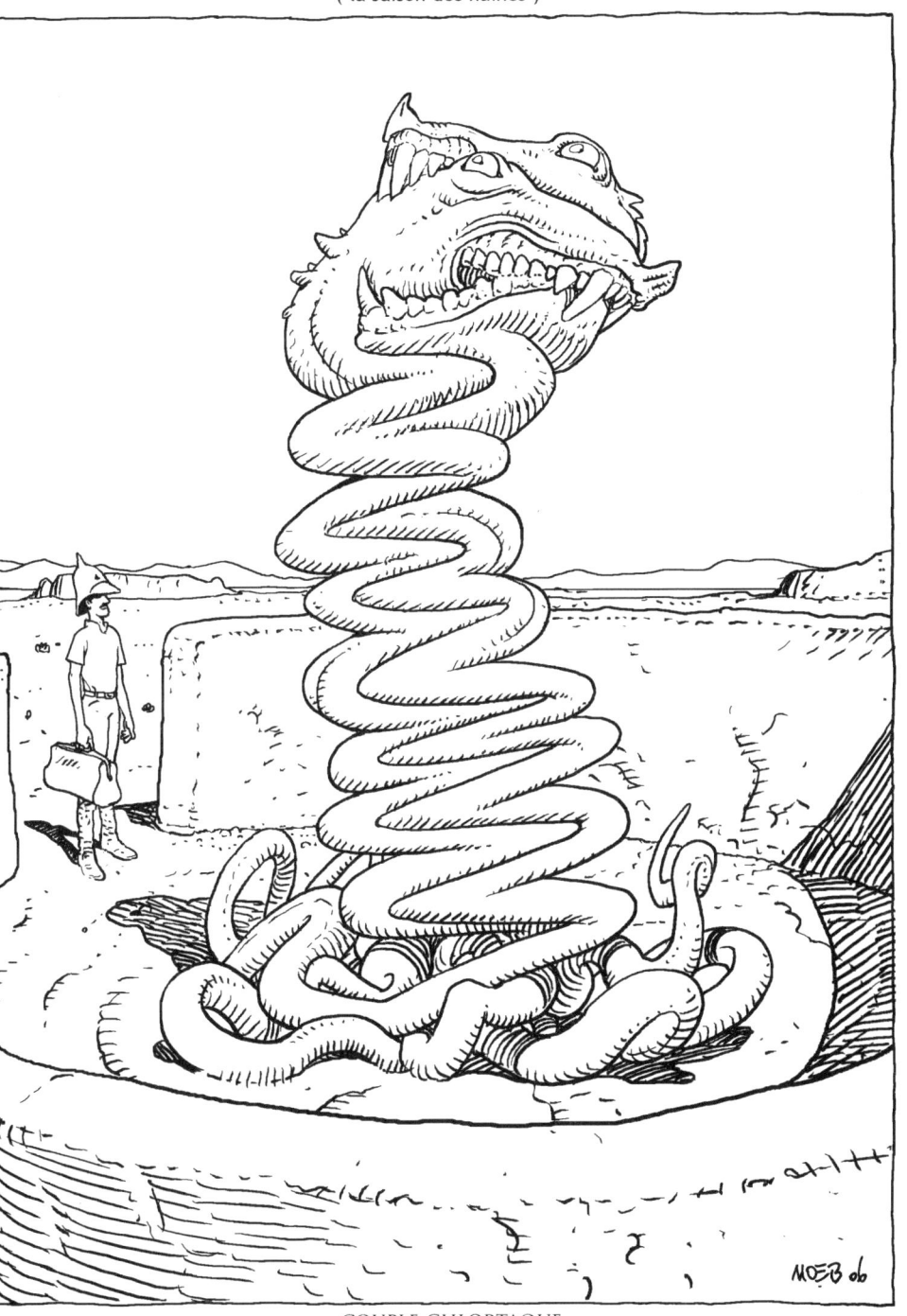

COUPLE CHLORTAQUE

MARS'LIFE

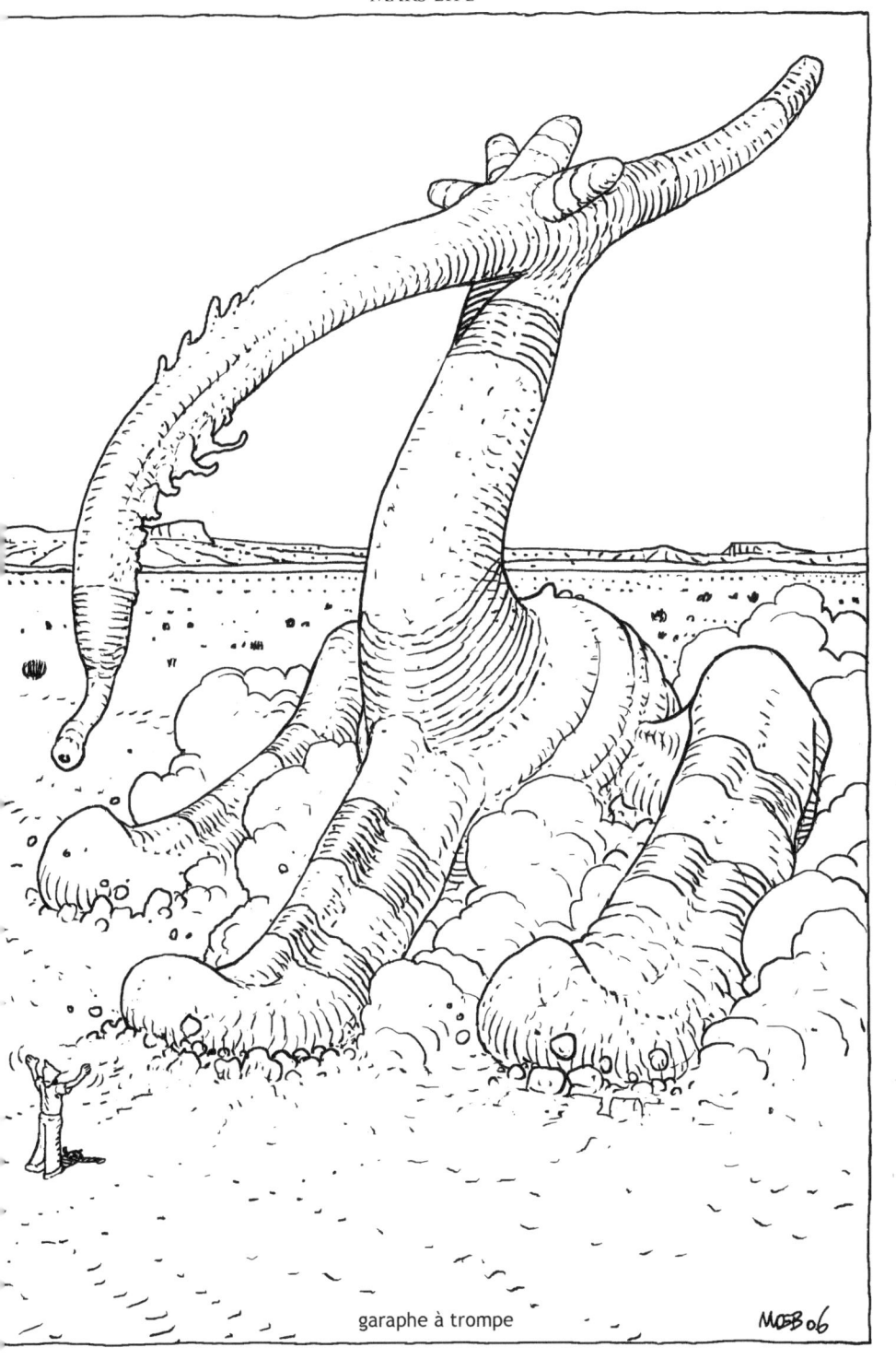

garaphe à trompe

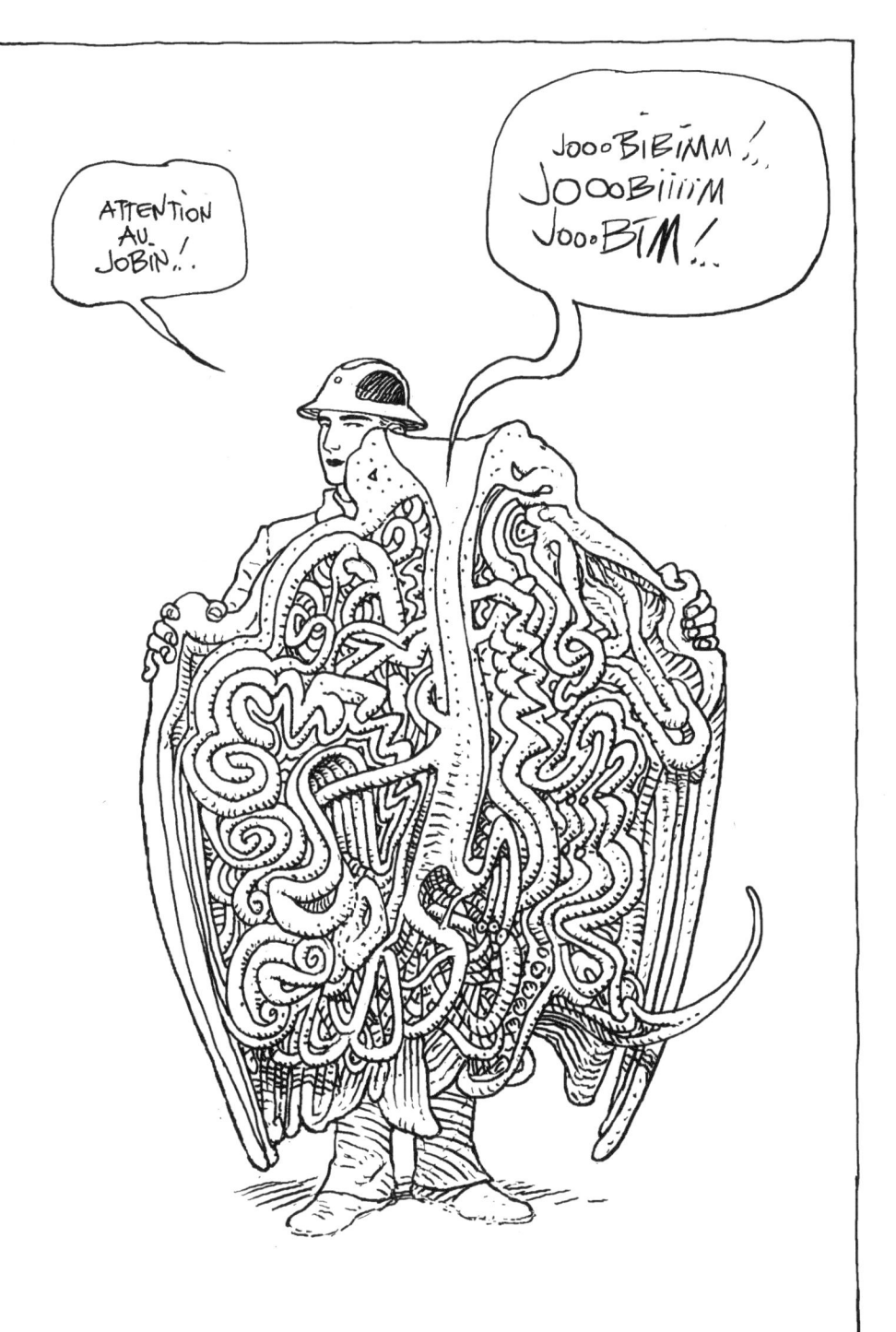

jobim

PSEUDO-FAUNE SEMI-IMAGINAIRE SUR MARS.

TERUPHERAIRE

une gazouelle

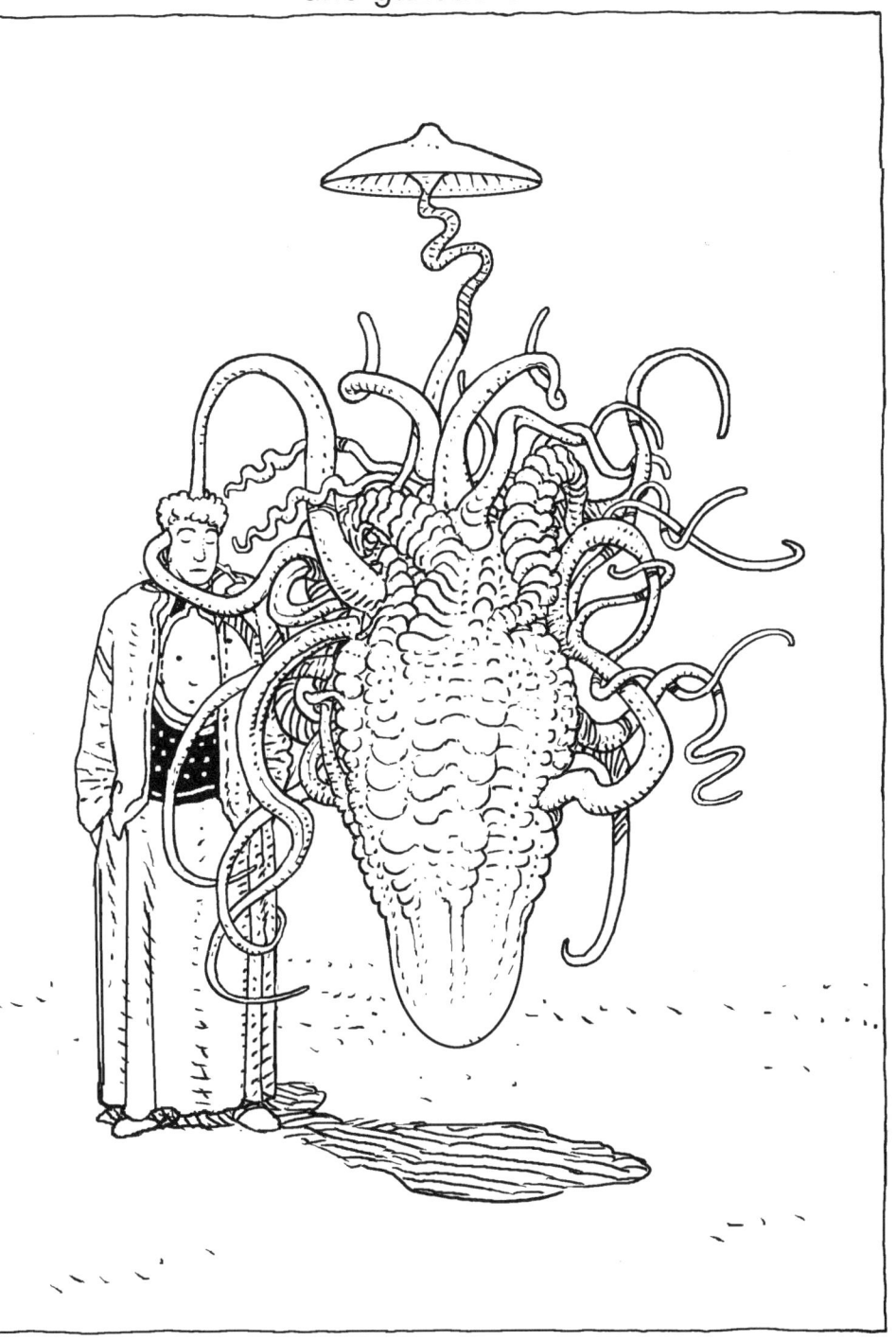

LA FAUNE DE MARS RÉSERVE ENCORE DES SURPRISES...

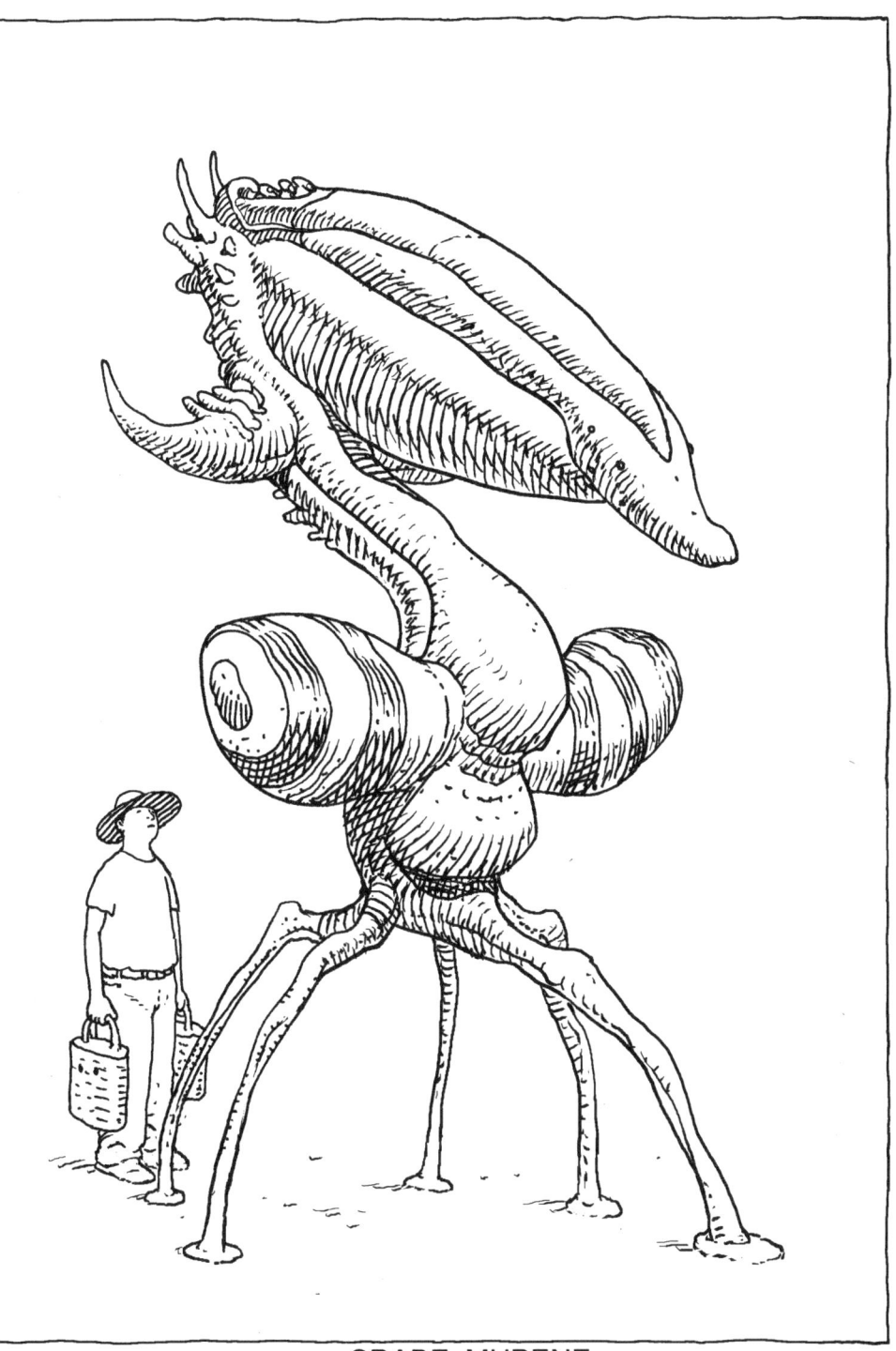

CRABE-MURENE

faune du désert martien. Un événement fort rare :
UNE REMOULE FAIT SURFACE

la remoule

ROOG TONKA

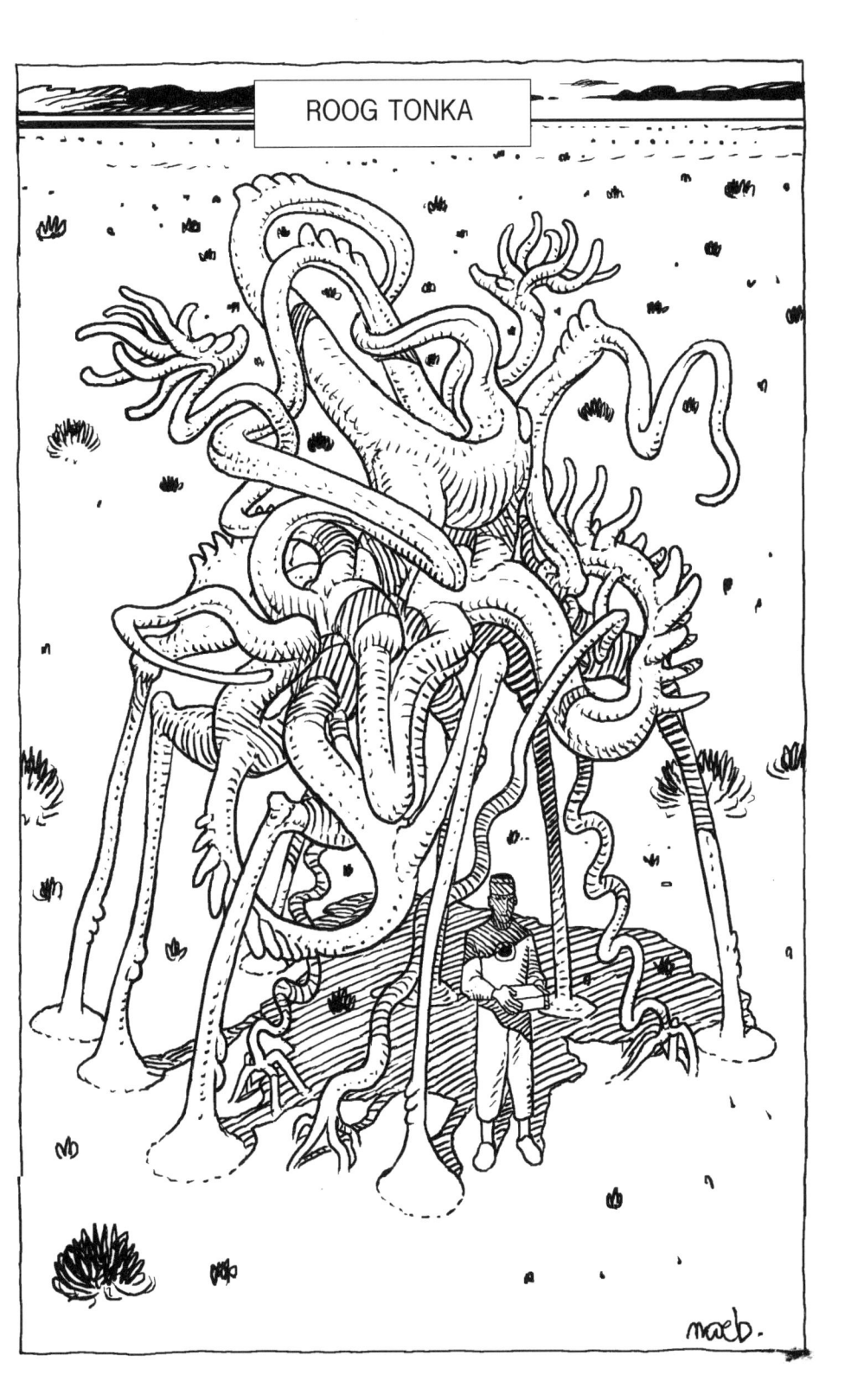

NOTE DU MAJOR

....

La programmation, disons génétique, [de l'amibyaste à vapeur] les amène à une minéralisation progressive. C'est-à-dire une sorte de régression à l'état minéral qui fait qu'au bout d'à peu près douze jours, l'animal se fige peu à peu, s'immobilise, sa texture se durcit et au bout de quelques temps, je ne sais pas peut-être deux ou trois années on a, non seulement quelque chose qui est totalement solidifié mais, solidifié d'une manière absolument extraordinaire car ce sont des pierres précieuses à l'intérieur. Tous les organes sont l'équivalent du rubis, de l'émeraude, du diamant, etc.

Faune et flore improbables de la planète Mars

amibyaste à vapeur

Bête curieuse de la planète Mars.

zigue

NOTE DU MAJOR

....

Le mamillon est un animal flottant qui n'a pas beaucoup de caractéristiques. Par contre le truc vraiment extraordinaire, c'est le cheval. Il est fait à partir d'une éponge martienne mutée – c'est le Major qui a eu une nostalgie du polo.

QUELQUES EXEMPLES CURIEUX DE LA FAUNE MARTIENNES PAR MOEBIUS.

mamillon

LA COURSE DU POLYRAT

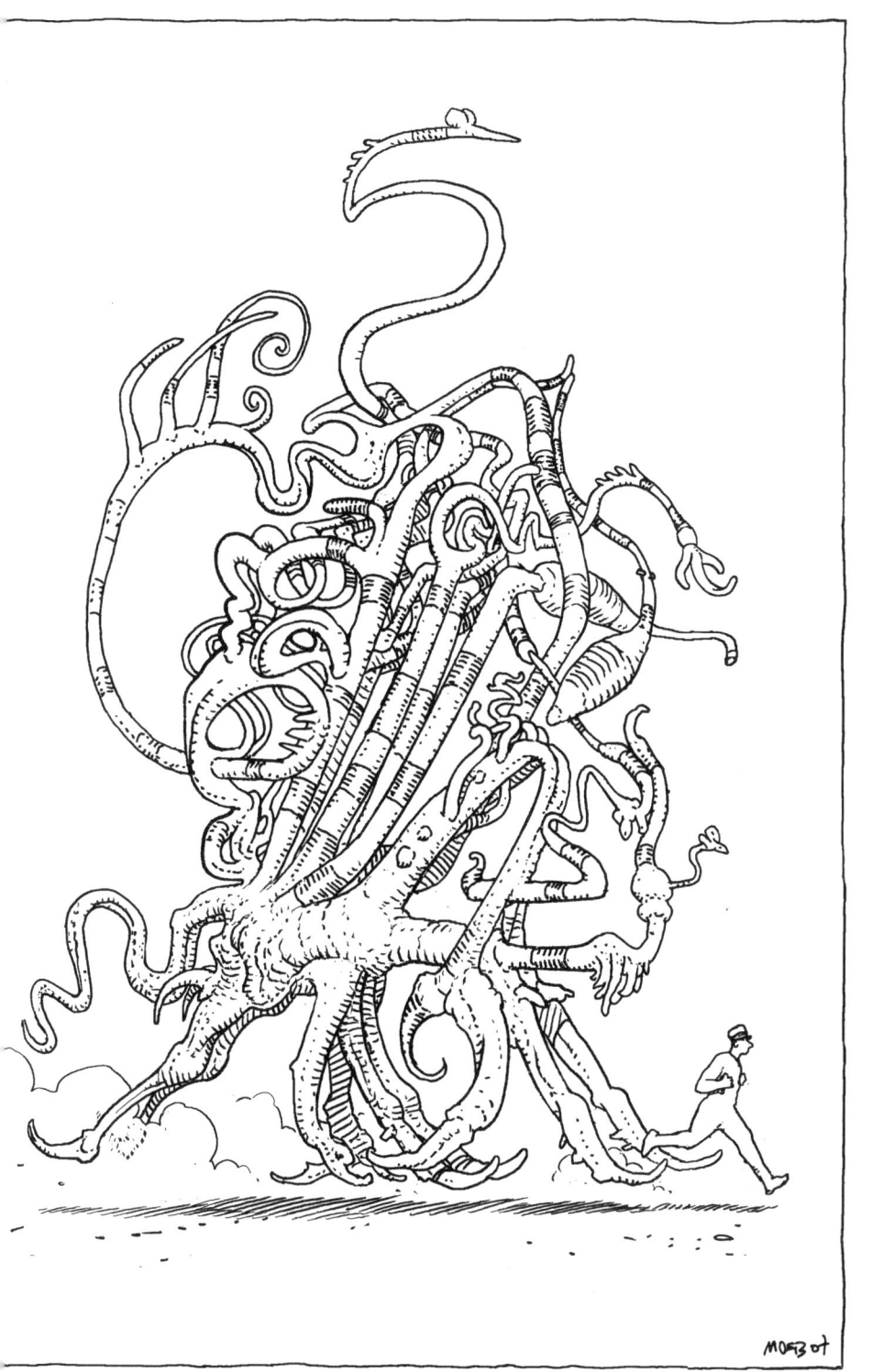

MARS
animaux étranges

KARMOUZE AVANT L'ORAGE.

mars planète vivante, une évolution atypique.

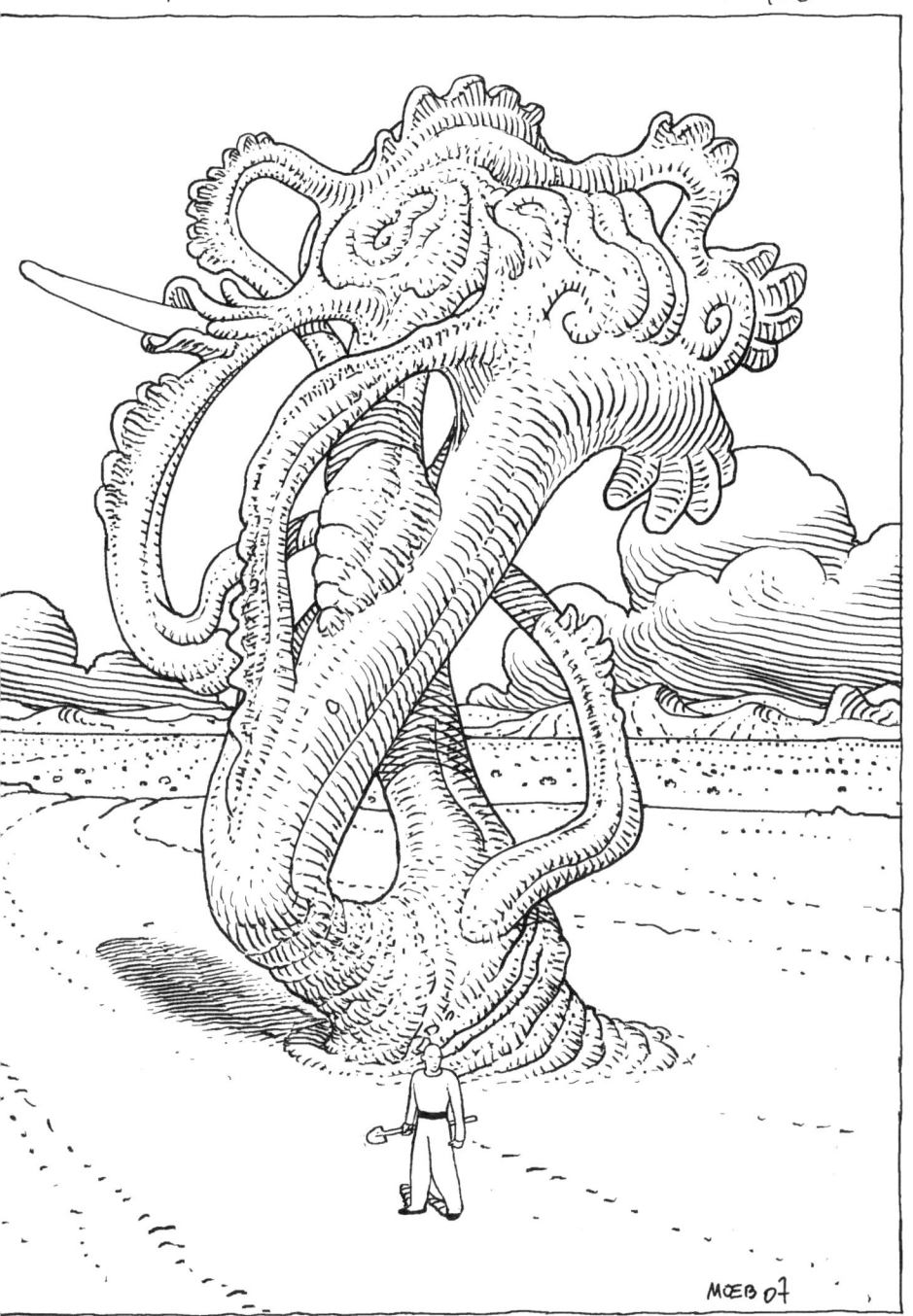

COLIMGO

CURIOSITÉS ANIMALES SUR LA PLANÈTE MARS.

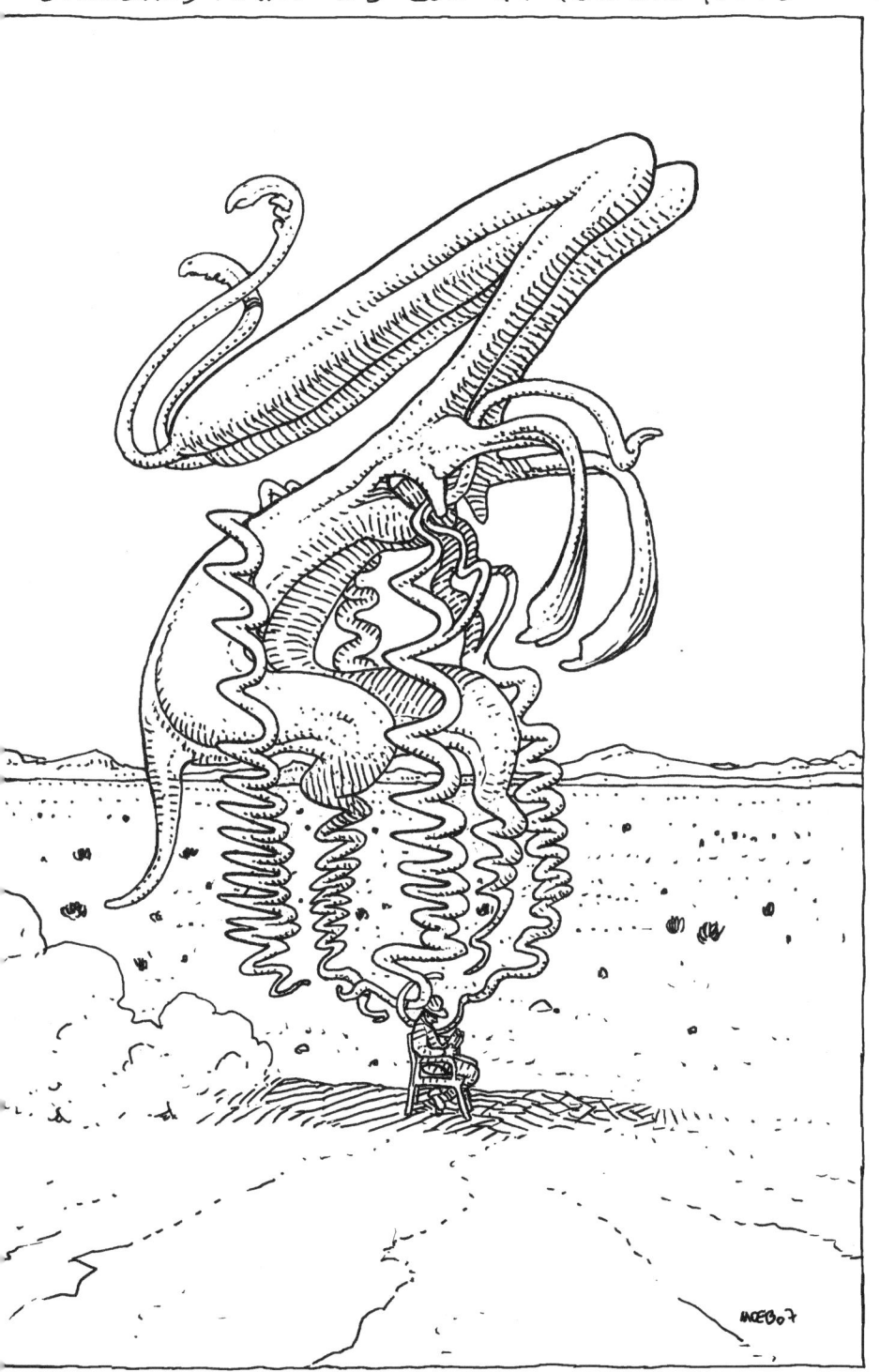

la danse du trigoudi

NOTE DU MAJOR

....

*Le Major avait essayé de faire
avec le chadoteau une sorte de porte
inter-dimensionnelle pour passer
d'un univers à un autre, mais ça
n'a jamais marché.*

LE CHADOTEAU

NOTE DU MAJOR

....

L'o'baobab est une sorte de gorgone. Ce sont des animaux vraiment d'une grande douceur et qui ont une programmation à la pure gestuelle esthétique. Ce sont presque des danseurs, des chorégraphes d'eux-mêmes. C'est extrêmement ludique et surtout, il y a une énorme liberté créative de la part des scientifiques.

o'baobab

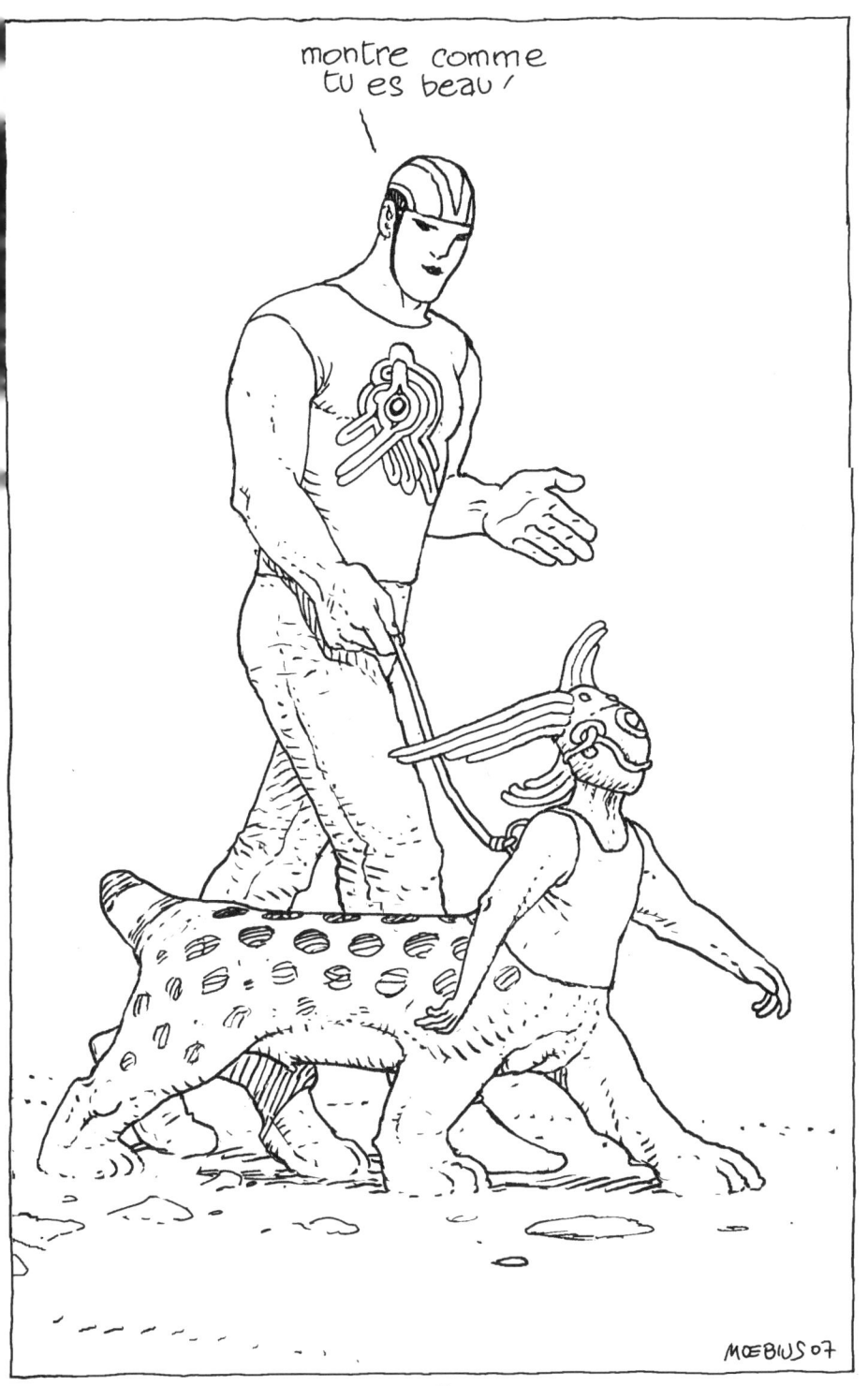

Le pioutong

La Vie Martienne

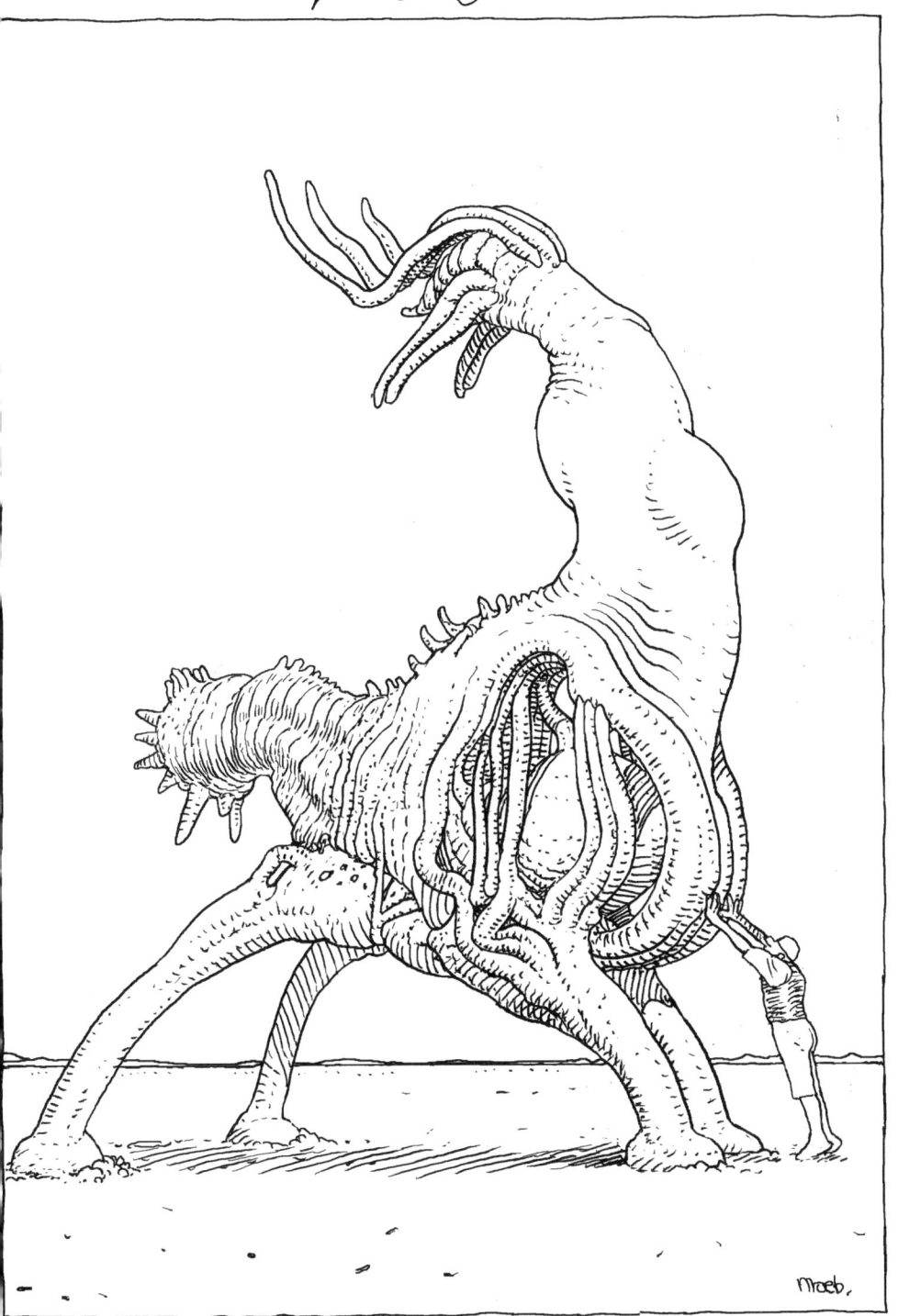

TRUGG

NOTE DU MAJOR

....

Ce qu'on ne voit pas là, c'est que ça a été d'abord un animal qui était à la frontière de la seule étendue d'eau sur Mars, qui est vers l'Equateur sur la gauche. C'est le grand début de l'arrivée de la terraformation vraiment correcte qui fait que dans quelques années, nous ou l'assistance pourrons aller passer des vacances sur cette planète. Quand le vent arrivait du large, la structure supérieure de cet animal vibrait et faisait une musique extraordinaire.

PLUMOSPHÈRE

Recensement de la faune martienne (Avril 3010)

TRINEU FLOTTANT

TRINEU FLOTTANT (FEMELLE)

FLEUDOCHWAL

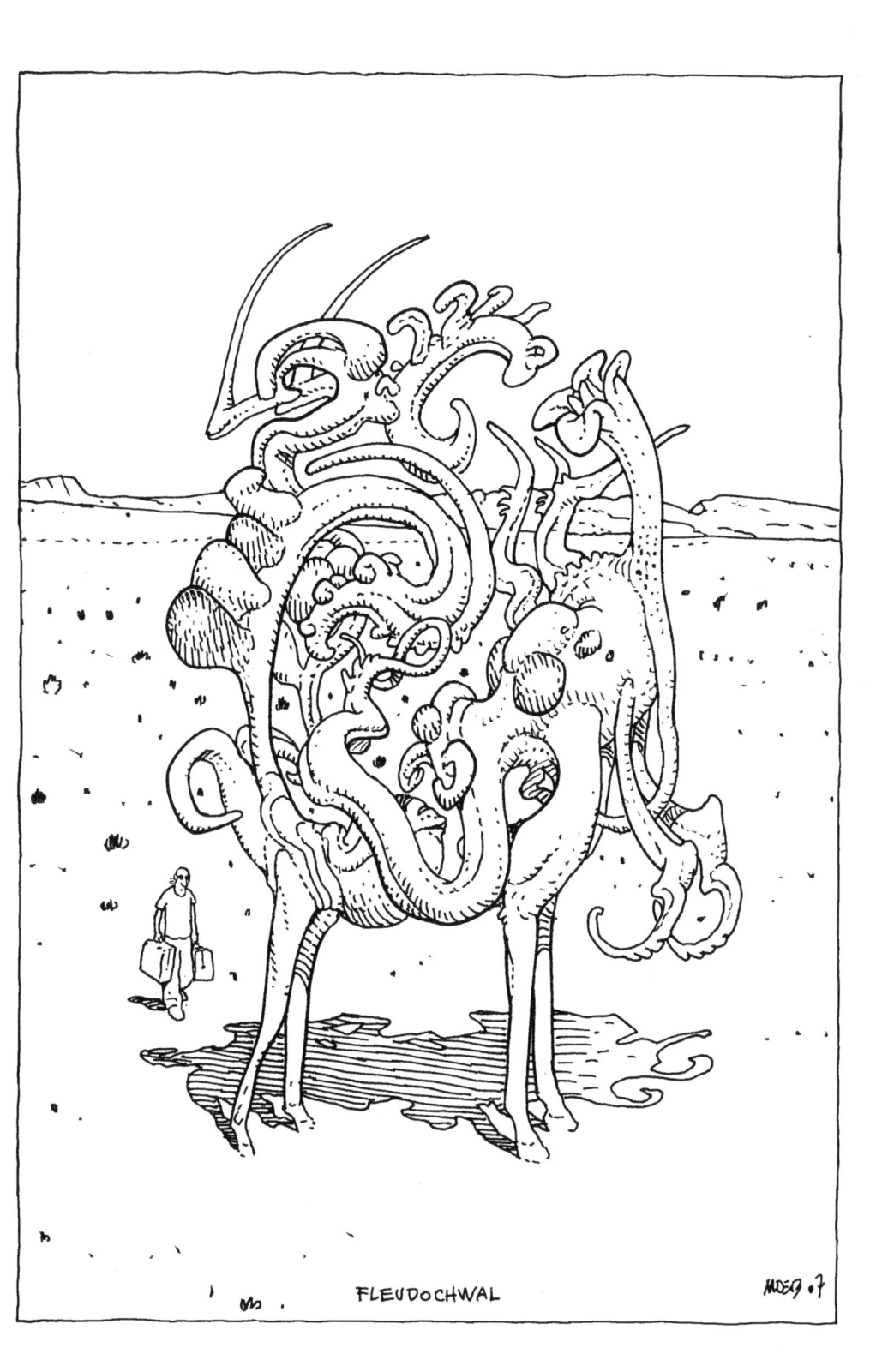

FAUNE SUR MARS

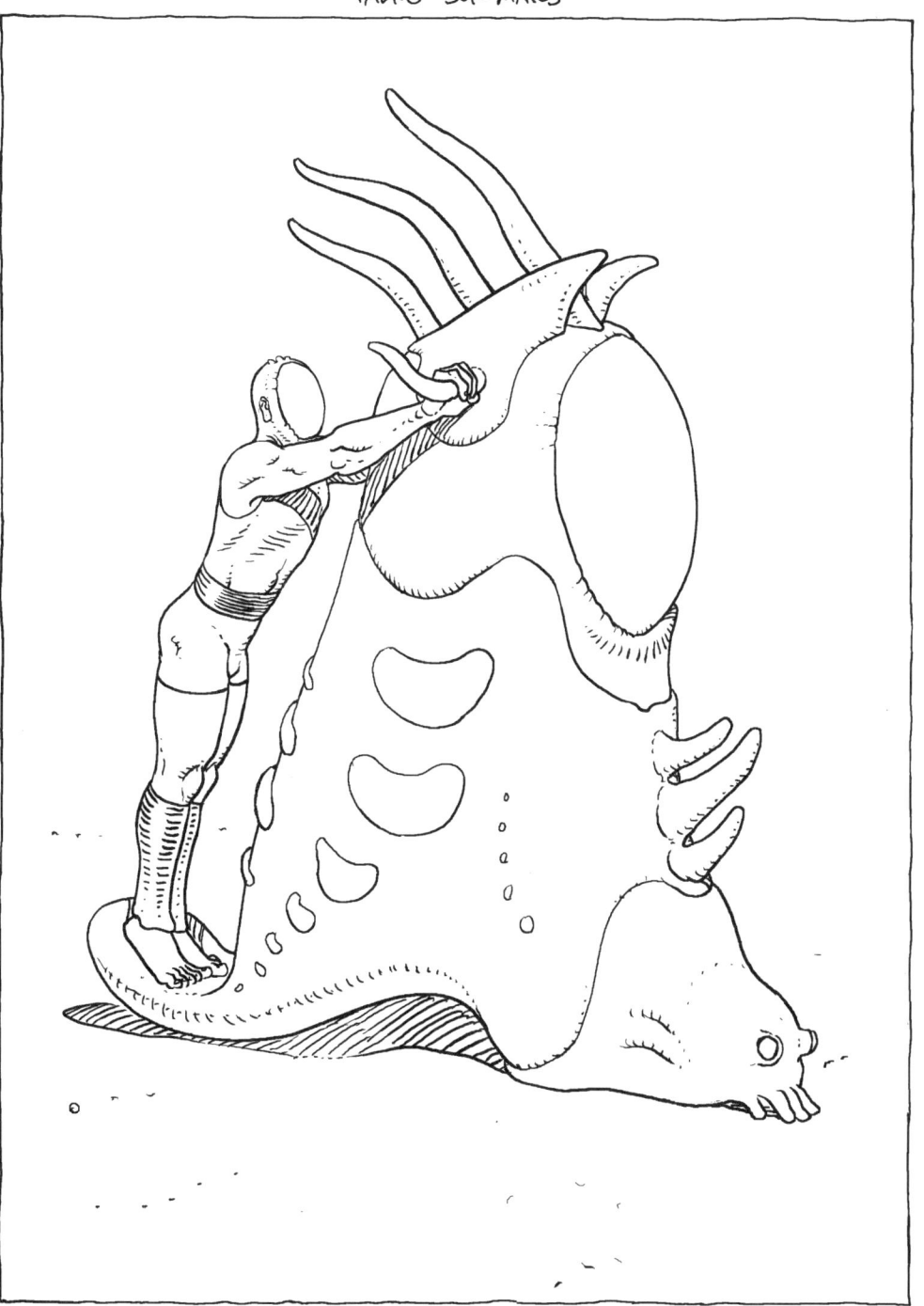

DOUBLA

NOTE DU MAJOR

....

Malheureusement le Phoshorikon est stérile. Ce qu'il se passe ici, c'est que l'animal n'est pas en train de fonctionner mais il est entrain de pousser. Dans les manipulations génétiques, tous les cas de figure ont été envisagé et quand il aura fini de pousser, la partie supérieure se détachera et il flottera. Quant aux pattes, se sont des rubans.

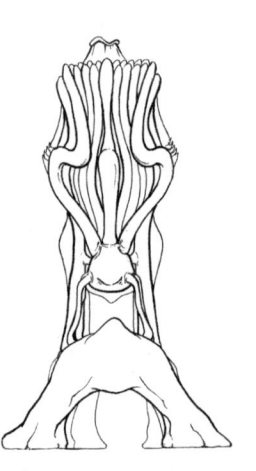

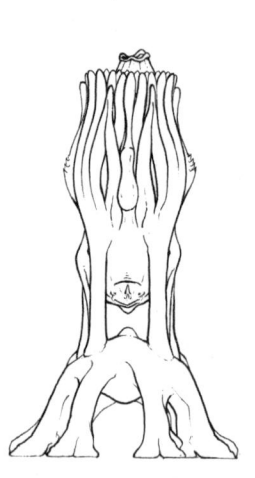

Étude du Phosphorikon
par **ANTONIN BERTHOUMIEUX**

MARS BETES

MARS, EXEMPLE DE LA faune.

POULECH

ANÉRACK LION

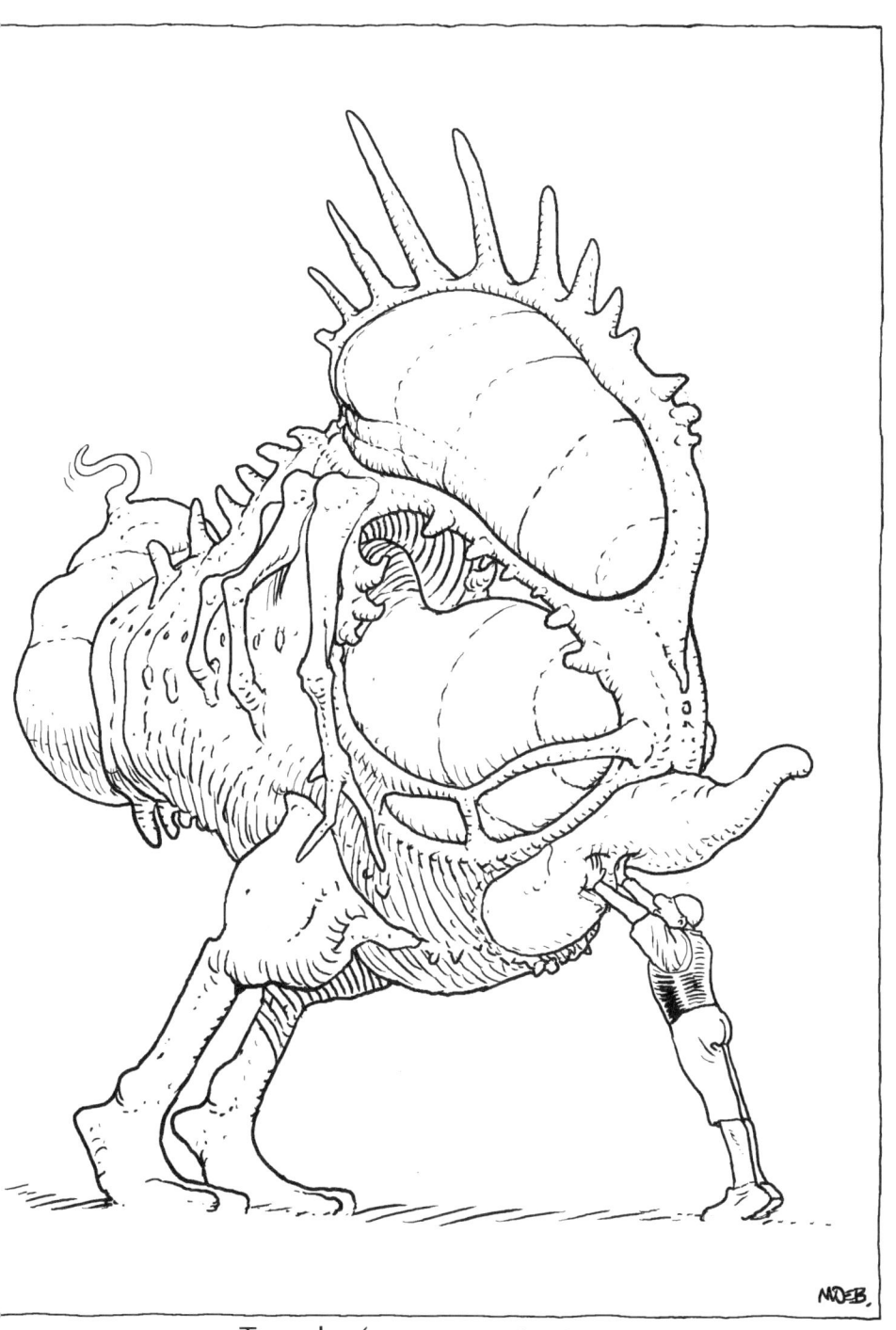

Tronche (et comment l'arrêter)

CAPOTEAU

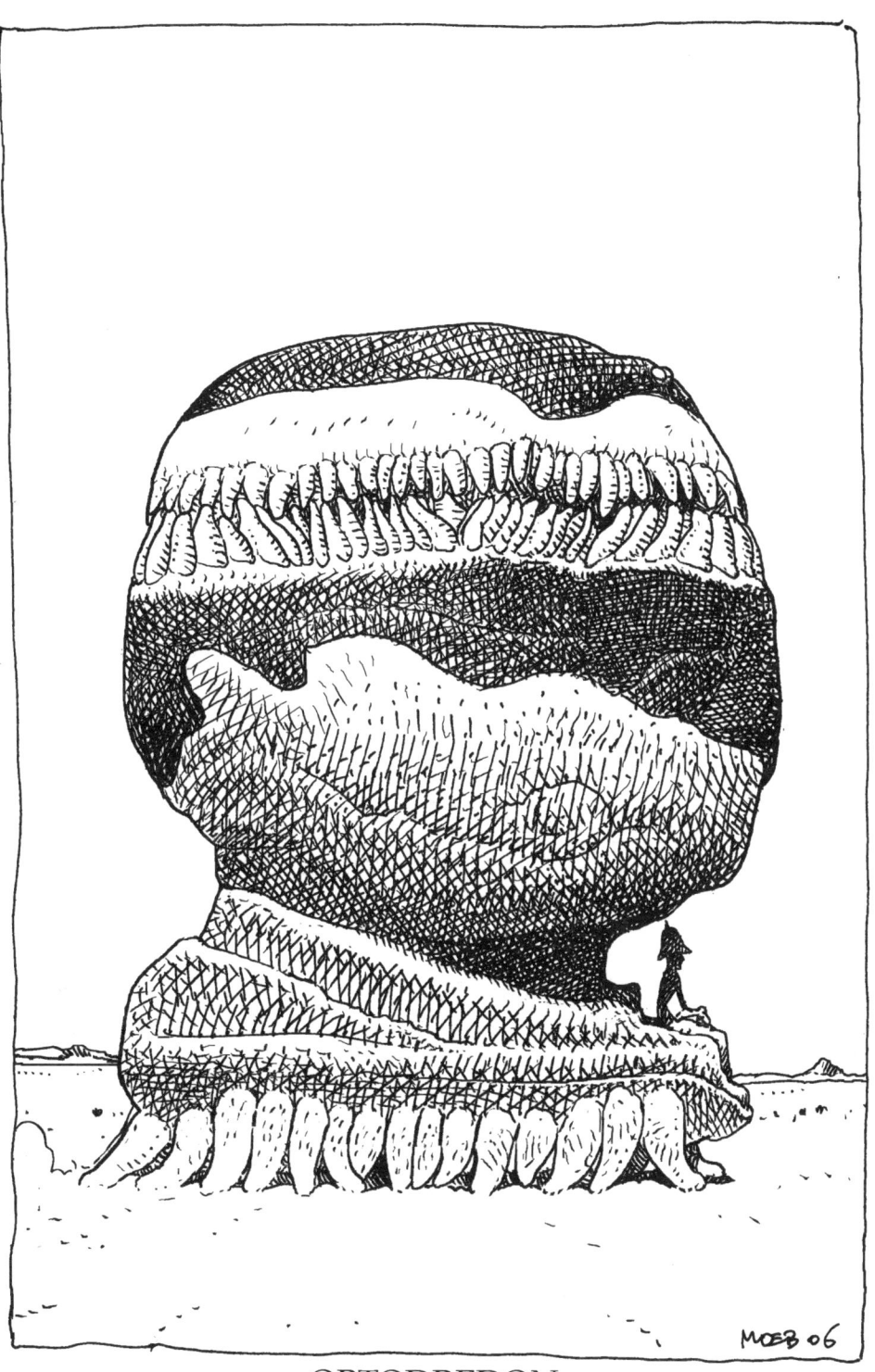

ORTODREDON

faune étrange de la planète Mars

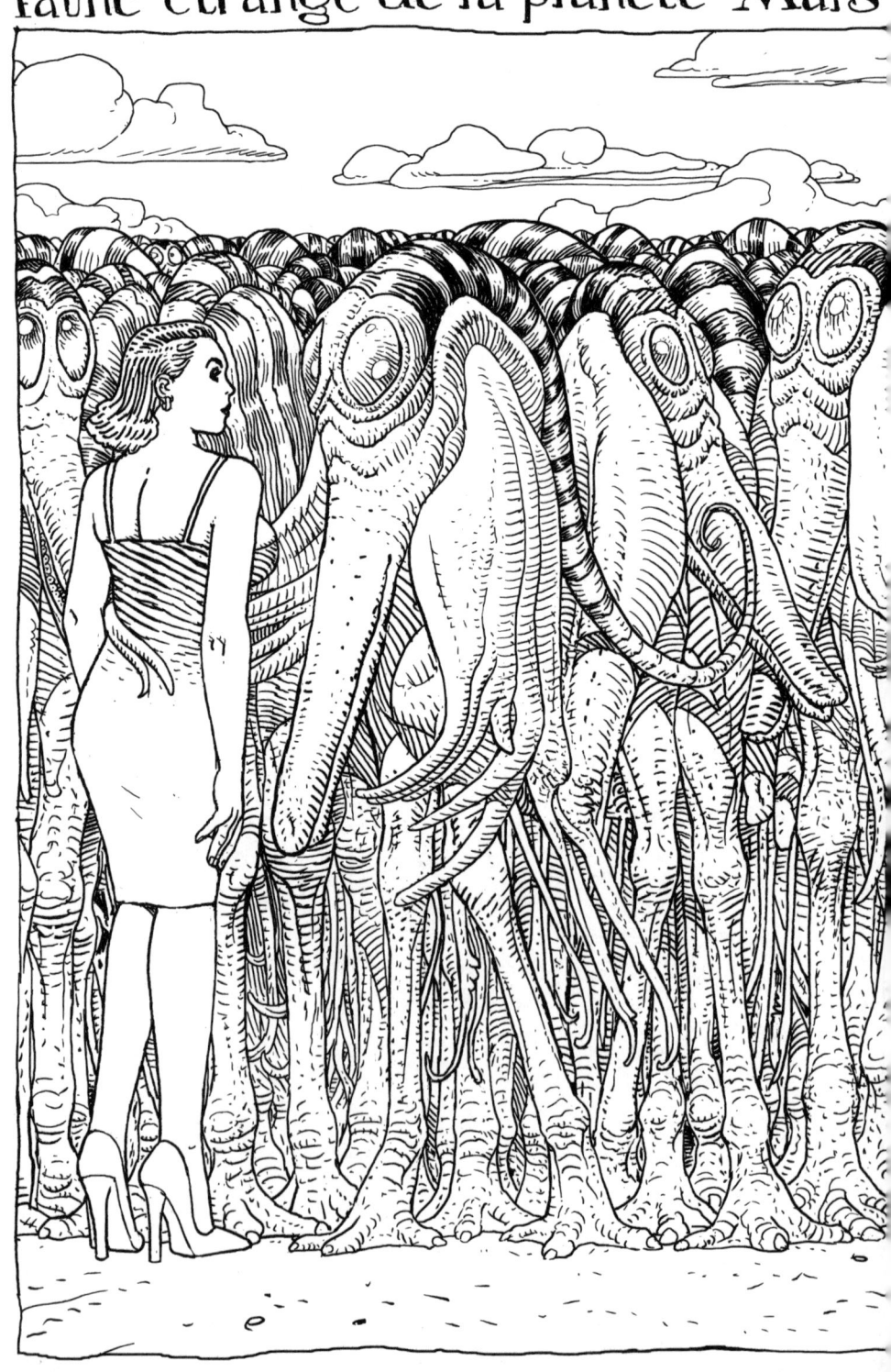

...DA et les BERKSEEKERS PAR MOEBIUS.

— MOEB 06

LA MÉTALOGIQUE

« (...) Quand on regarde la façon dont est organisée la vie, c'est d'une ingéniosité absolument époustouflante. Quand on étudie le fonctionnement des organes, la synergie avec l'environnement et les conditions qu'il a fallu pour que cette vie apparaisse, c'est d'une grande complexité. Mais tout est toujours fait d'une façon qui justifie le moment où l'on fait la reflexion. Ça nous ramène toujours à ça. C'est pour ça qu'on a toujours cette tentation de mettre un dieu, pas forcément manipulateur, mais organisateur, architecte. Alors qu'en fait, ce sont des systèmes qui s'auto-organisent dans une logique, dans une métalogique. »

« (...) Quand on rencontre des biologistes qui travaillent avec le microscope et qu'on voit l'ADN en direct, c'est délirant. Et tout ce que ça révèle au niveau conceptuel ! On pourrait imaginer qu'une éducation générale utopique de toute une population vers cette connaissance-là pourrait amener des modifications de comportement. »

– Mœbius
*Entretien avec Michel Cassé
pour la Fondation Cartier (2010)*

PETICOK

Étude animée du Zagzig
par **JEAN MALLARD ET LÉO SUCHEL**

D'autres animaux de Mars

zagzig (OGM)

curiosité de la faune martienne

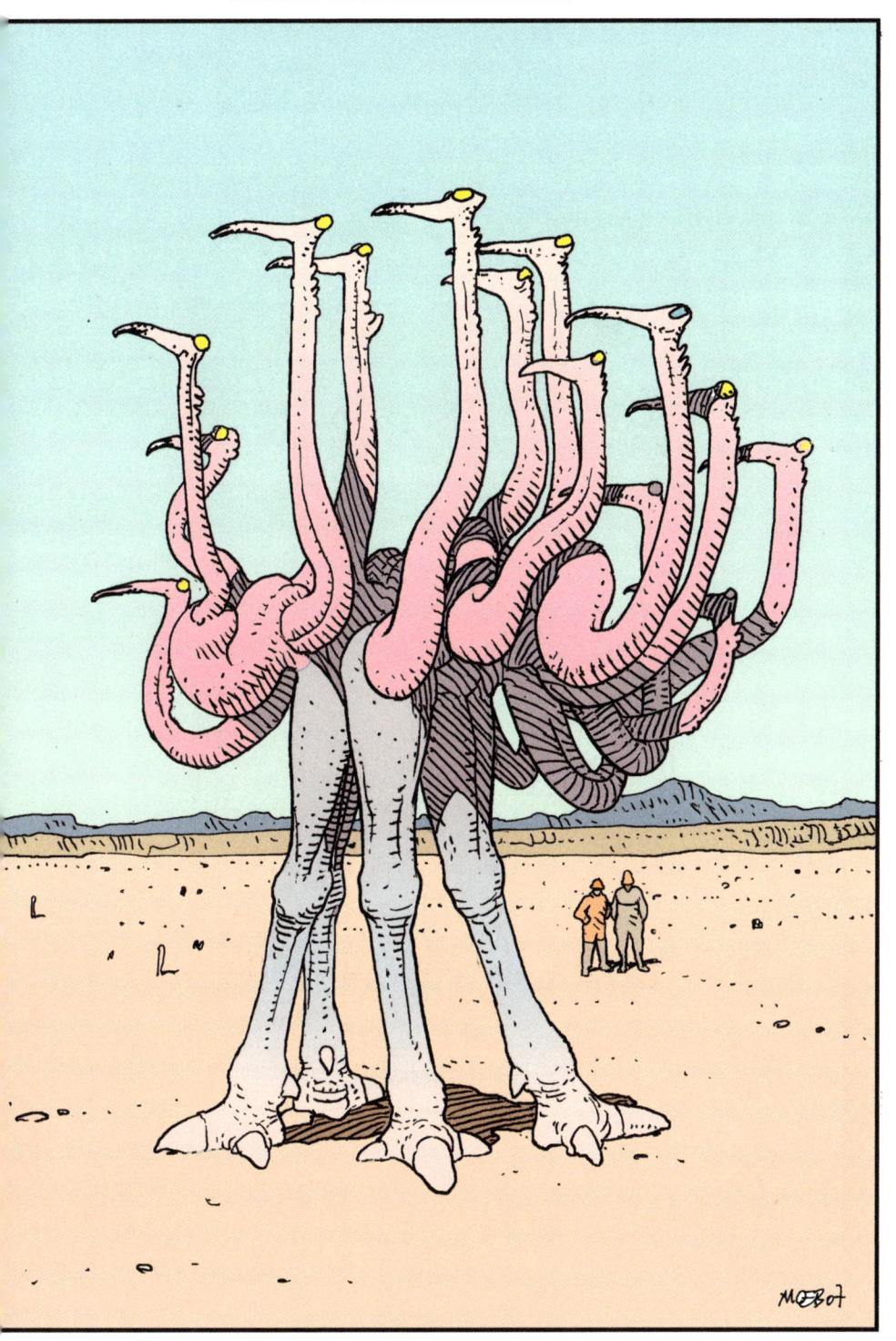

une motruche.

LE CHONDRAIT.

mars et sa faune.

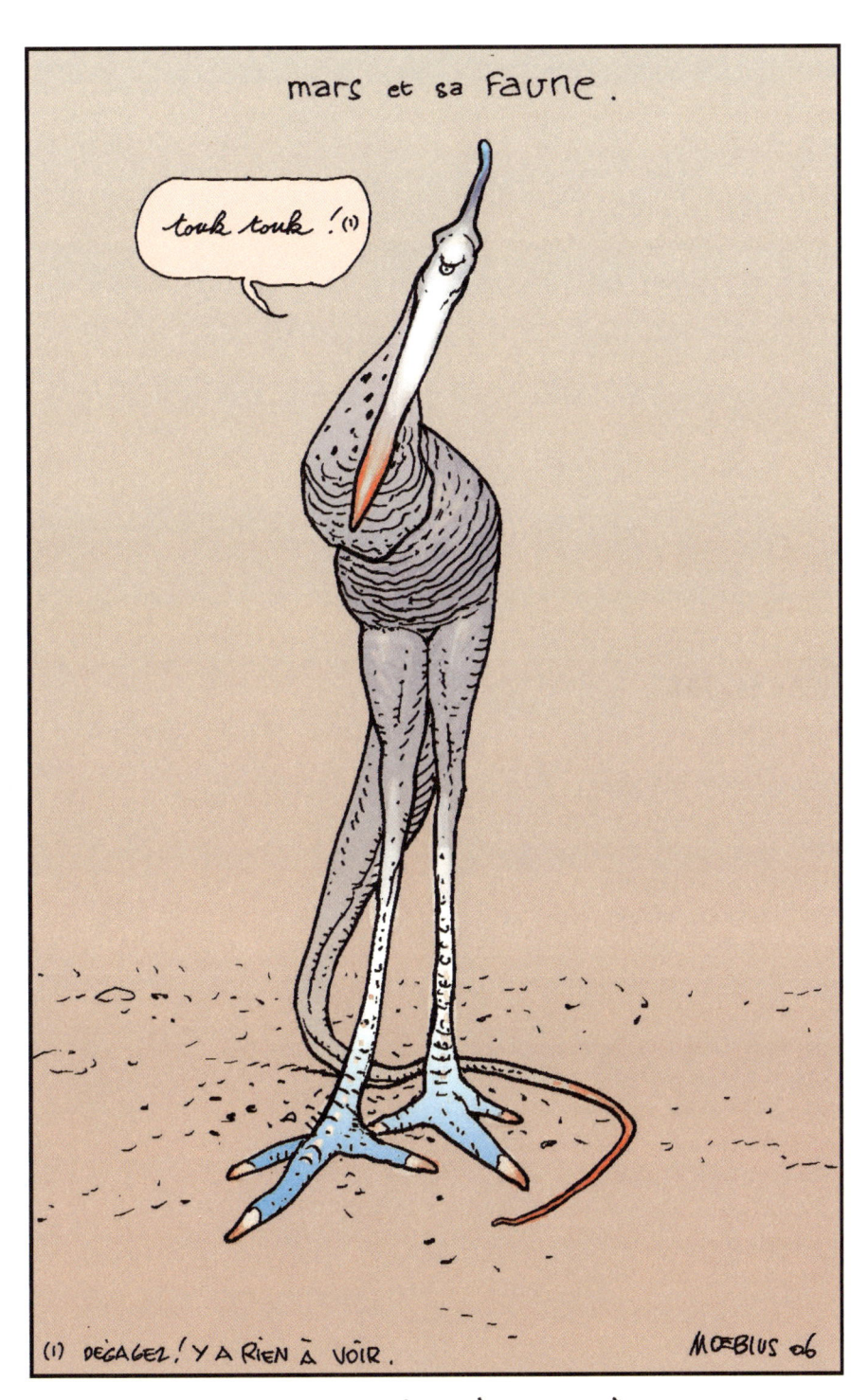

touk touk! (1)

(1) DÉGAGEZ! Y A RIEN À VOIR.

MOEBIUS 06

TOUK-TOUK (MALOISIE ORIENTALE)

NOTE DU MAJOR

....

C'est un peu comme un orgue.
Ça émet des sons qui vont sur plusieurs octaves et, disons que le destin de cet animal n'est pas d'avancer mais de danser sur place, de sautiller un peu lourdement de façon un peu pataude. Mais avec beaucoup de subtilité avec des pas glissés, des pas sautés, des jambes qui sont jetées sur le côté d'une façon assez élégante. Toute la partie supérieure se déploie comme des algues dans l'eau et envoie des sons absolument merveilleux. Ce sont des mélodies : il y a de tout. Il y a deux types de mélodies, des mélodies d'origine terrestre et puis des mélodies d'origine ganymédienne.

Un écosystème d'une grande singularité

0ctotyr

NOTE DU MAJOR

....

C'est une cornemuse flottante totale. Les mélodies sont superbes, très très folkloriques, très chouettes. Cet animal est un contorsionniste absolument superbe qui flotte, qui se tortille d'une façon reptilienne, lente et hypnotique. La fleur s'ouvre, fleurit, se referme, c'est magnifique. Il y avait quand même un doute sur sa programmation sécuritaire. Il y a eu quelques accidents avec le dahlya vert. Cela explique pourquoi l'autre personnage s'approche avec une arme.

Curieuses formes de vie sur Mars

Dalhya vert

NOTE DU MAJOR
....

Ce qui est intéressant, c'était que ce système avait été mis en place par l'assistant, le tripode. Vous savez le tripode du... du centaure. Son idée c'était de faire un animal autophage qui finit par disparaître par sa propre consommation. Et on n'y croyait pas... Eh bien, à la fin il n'y avait plus rien. Incroyable. Il n'y a même pas eu un rot.

FAUNE ET FLORE DE LA PLANÈTE MARS

Pseudo arbre à pnous

- LITTLE TORINO -

La vie sur Mars

Un braamoul

La vie sur la planète Mars

ploton

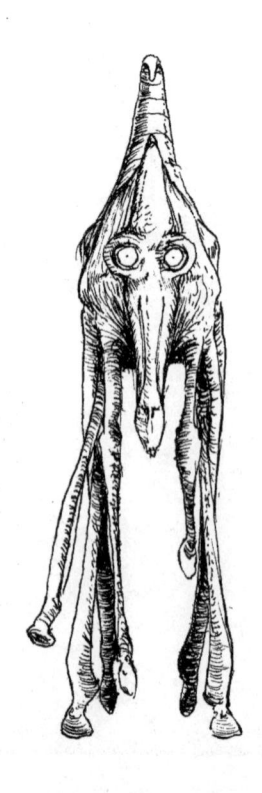

Étude du Cavalcadeur
par **ANTONIN BERTHOUMIEUX**

Exobestiaire martien

CAVALCADEUR A SEPT PATTES

ABSOLUTEN BESTIER FRUM

MARS

Avall Toumall

BETE MARTIENNE

PLETONIOPYRTHACOLESCOPRIRARCIOSAURE

NOTE DU MAJOR

....

La malourde chantante est très, très belle. C'est un hologramme qui provient de souvenirs familiaux d'un des ingénieurs. Cet animal est bâti sur le même principe de minéralisation progressive que l'amibyaste à vapeur. Et en 2033 quand la terraformation sera terminée et que les hôtels seront reconstruits, ça sera absolument merveilleux pour les touristes, et pour vous, quand vous irez. Aller par des galeries qui seront creusées, voir la merveille que sera. Toutes les gemmes vont briller devant les lampes frontales, ça sera absolument sublime. Et il y a aucune contamination génétique.
C'est absolument fabuleux !

DANS LA SÉRIE DES ANIMAUX DE MARS : LA MALOURDE CHANTANTE.

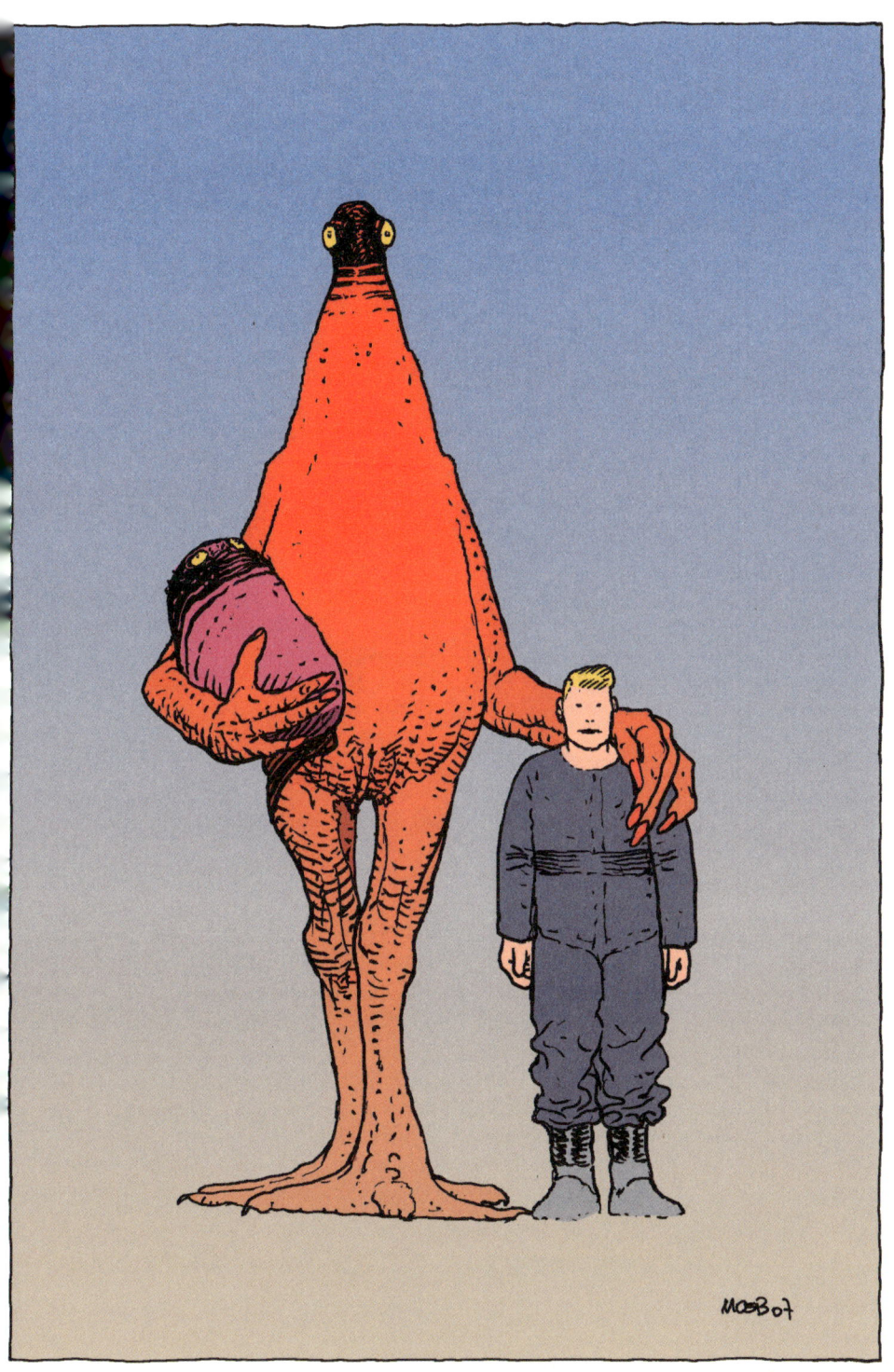

Chapon mélo

INDEX DE MARS

Alouette 63	Miglo commun 67
Amibyaste à vapeur 121	Milcousin 77
Anérack Lion 157	Motruche 173
Artyamananda oyc Tabarstall 103	Multiplon 73
Auliphen 55	Murenas 61
Avall Toumall 191	Octotyr 177
B-rex 51	Ordrédon 85
Bijutsu 31	Orpalle neutre 57
Bouzznar 99	Ortodredon 163
Braamoul 185	O'baobab 137
Bwaloo 83	Parasite n°27 69
Capoteau 161	Peticok 169
Cavalcadeur à sept pattes 189	Petit traumadaire 27
Chadoteau 135	Phosphorikon 153
Chapon mélo 197	Pioutong 139
Chave 93	Piti à glu 23
Chiccolino 43	Plasme volant 19
Chondrak 174	Pletoniopyrthacolescoprirarciosaure 193
Chopalong 71	Plombeurdin 35
Choumeau 79	Ploton 187
Colimgo 131	Plumosphère 143
Couple Chiortaque 105	Pnoume Raynett 95
Crabe-murène 115	Pnume 53
Dalhya vert 179	Podricarne 49
Doboltrobole 25	Polyrat 127
Dopododopo 59	Pomaax 87
Doubla 151	Poulech 155
Drôme mâle 37	Pseudo arbre à pnous 181
Dusardin 101	Pûme 41
Désertron 89	Remoule 117
Famille holmerkienne 47	Roog Tonka 119
Fleudochwal 149	Terupheraire 111
Garaphe à trompe 107	Touk-Touk (Maloisie Occidentale) 21
Gazouelle 113	Touk-Touk (Maloisie Orientale) 175
Groboo 39	Trigoudi 133
Gros Zani mâle 97	Trineu flottant (mâle) 145
Jixbur 8	Trineu flottant (femelle) 147
Jobim 109	Tromphal rayé 29
Karmouze 129	Tronche 159
Koupapat 15	Troplain 65
Kuang to pho 75	Trugg 141
Larve de coq Nawdoule 33	Twifeel 45
Little Torino 183	Zagzig (OGM) 171
Loberdel 91	Zigue 123
Malourde chantante 195	Znoopère 81
Mamillon 125	

REMERCIEMENTS

Fondation Cartier
Hervé Le Guyader
Antonin Berthoumieux
Jean Mallard et Léo Suchel

DIRECTION ARTISTIQUE

Isabelle Giraud

CRÉATION GRAPHIQUE

Claire Champeval
Nausicaä Giraud

DIFFUSION

Raphaël Giraud

27 rue Falguière 75015 Paris
+ (33) 1 43 35 19 33
contact@moebius.fr

ISBN : 978-2-908-76638-7 /02
Dépôt légal : décembre 2018

Ouvrage imprimé à 3000 exemplaires,
par D'Auria Printing, en Italie.

Les polices utilisées pour cet ouvrage
sont la **Montserrat** et la **PT SANS NARROW**.

www.moebius.fr
© Mœbius Production 2018

Il est strictement interdit, sauf accord préalable et écrit de l'éditeur, de reproduire (par photocopie ou numérisation) partiellement ou totalement le présent ouvrage, de le stocker dans une banque de données ou de le communiquer au public, sous n'importe quelle forme.